TRAITÉ

DE LA DÉTERMINATION

DES

TERRES ARABLES

DANS LE LABORATOIRE

PAR

M. P. DE GASPARIN

Membre de la Société centrale d'Agriculture de France.

———— ·>>>✕<<·· ————

PARIS

G. MASSON, ÉDITEUR

LIBRAIRE DE L'ACADÉMIE DE MÉDECINE

PLACE DE L'ÉCOLE-DE-MÉDECINE

1872

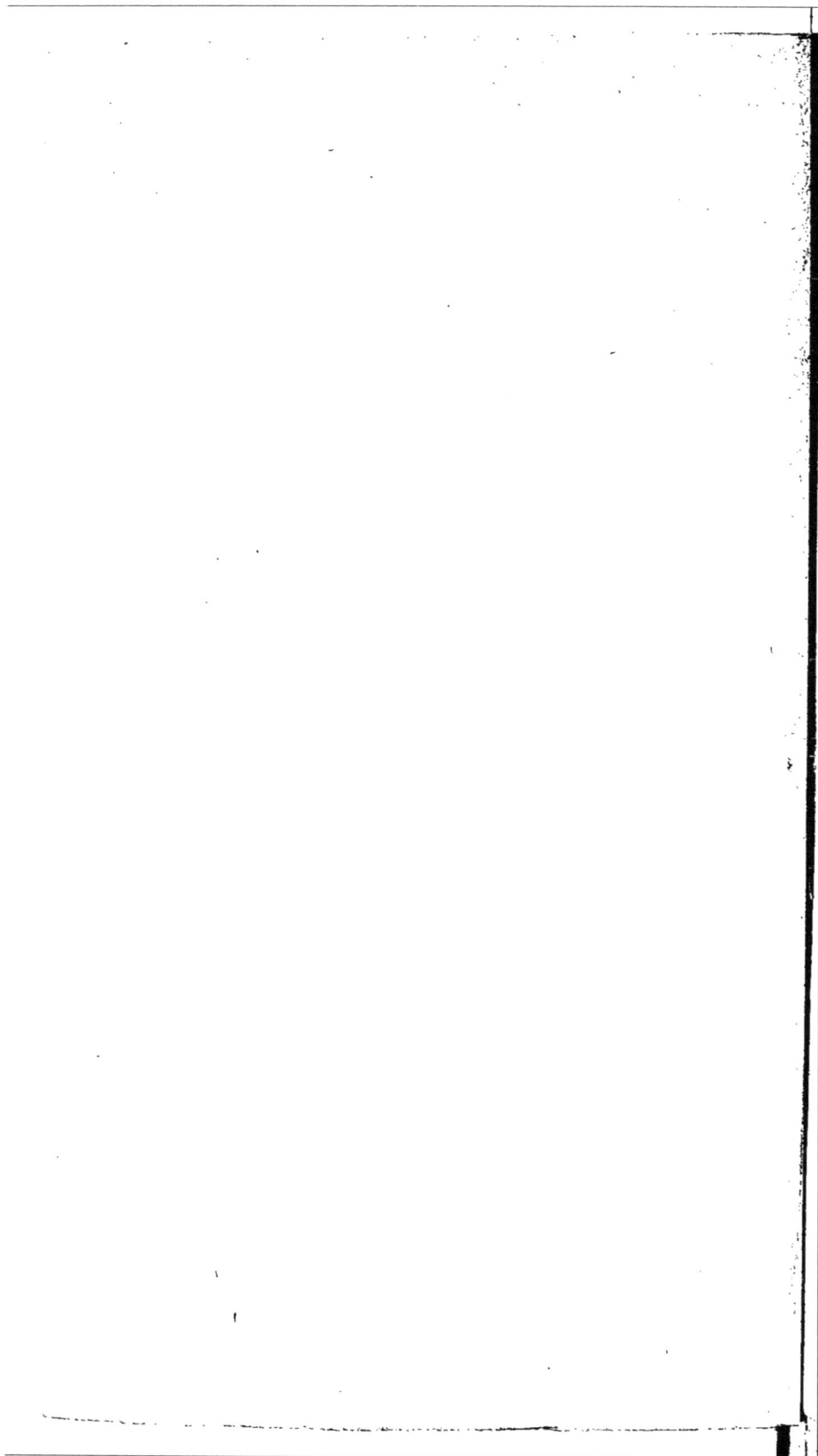

TRAITÉ

DE LA

DÉTERMINATION DES TERRES ARABLES

DANS LE LABORATOIRE

PARIS. — IMPRIMERIE DE PILLET FILS AINÉ

5, RUE DES GRANDS-AUGUSTINS

TRAITÉ

DE LA DÉTERMINATION

DES

TERRES ARABLES

DANS LE LABORATOIRE

PAR

M. P. DE GASPARIN

Membre de la Société centrale d'Agriculture de France.

——→ ›››✕‹‹‹←——

PARIS

G. MASSON, ÉDITEUR

LIBRAIRE DE L'ACADÉMIE DE MÉDECINE

PLACE DE L'ÉCOLE-DE-MÉDECINE

——

1872

Une première édition de ce Traité,
par une décision de la Société centrale d'Agriculture de France,
est insérée
dans les Mémoires de cette Société pour 1872.

A MONSIEUR PELIGOT

MEMBRE DE L'INSTITUT

TÉMOIGNAGE DE PROFONDE ESTIME

P. de Gasparin.

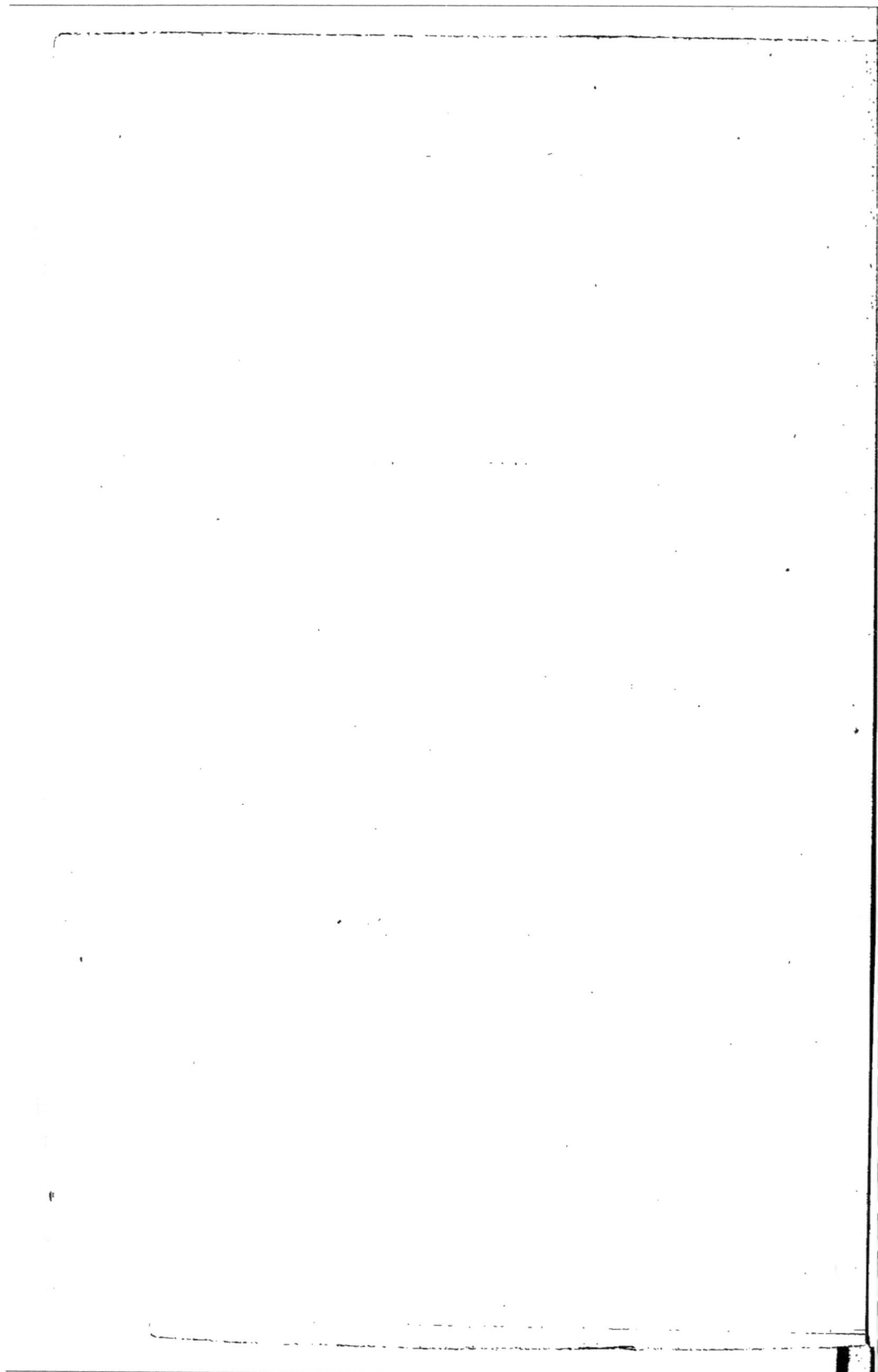

AVANT-PROPOS

L'auteur de ce Traité sent, en paraissant devant le public, le devoir qui lui est imposé de demander pardon à ses lecteurs pour l'incorrection du style et le désordre du canevas. Mais il est presque aveugle et ne peut qu'à grand'peine relire ce qu'il écrit. Des secours affectueux ne lui auraient pas manqué, ils lui ont été offerts, et il en garde une grande reconnaissance; mais il a voulu que son enfant fût bien à lui, et se flatte que, sous ces haillons, il pourra rendre quelques services à l'agriculture française, qui a ses derniers efforts et ses derniers vœux, comme elle a eu ceux de son père.

Malgré cet isolement volontaire, il ne veut pas quitter la plume sans reconnaître ce qu'il doit à deux personnes : d'abord à son frère, le comte Agénor de Gasparin, qui, dans une autre direction, lui a donné l'exemple d'une vie dépensée au service de toutes les belles causes, et n'a cessé de l'encourager à la persévérance dans un travail qui faisait partie de leur héritage commun; et puis à M. Barral, secrétaire perpétuel de la Société centrale d'Agriculture de France, dont les conseils, les secours, l'expérience et l'amitié ont été un de ses plus fermes appuis.

P. DE GASPARIN.

Pomerol, février 1872.

TRAITÉ

DE LA

DÉTERMINATION DES TERRES ARABLES

DANS LE LABORATOIRE

INTRODUCTION

Depuis longtemps les agriculteurs demandent aux chimistes des renseignements sur la nature des sols qu'ils cultivent. Ils sont fixés par l'expérience, sur la résistance du terrain aux divers agents mécaniques de la culture, sur ses qualités hygroscopiques et sur les ressources de l'exposition et du climat. Ils font donc, en général, peu de cas de ce que les agronomes appellent l'analyse physique du terrain; mais ils désirent être éclairés sur l'abondance, la rareté ou l'absence de certains éléments nécessaires ou utiles au développement de leurs cultures; et comme ces éléments sont en général très-disséminés, et plusieurs d'entre eux, par une disposition providentielle, en quantité presque infinitésimale, les chimistes sont appelés à une consultation très-difficile, qui demande une grande expérience, beaucoup de

temps, et les ressources les plus délicates de l'analyse :
trois conditions qu'ils sont bien souvent dans l'impuis-
sance de réunir. La réponse du laboratoire se trouve
donc ordinairement sans valeur pratique; et les agriculteurs, dégoûtés par l'inutilité de leurs tentatives, retom-
bent sur le seul terrain qu'ils connaissent, l'expérience
agricole, et ils ne sont pas loin de proclamer le divorce de
la pratique et de la science, ou, pour tenir un langage
plus parlementaire, de l'art et de la science. Sans doute,
ils empruntent beaucoup à la science; elle a puissam-
ment contribué au développement agricole du dernier
demi-siècle. Mais ces emprunts sont inconscients, et dis-
pensent de la reconnaissance. A quoi donc se borne le
rôle du laboratoire pour la plupart des agriculteurs? A
leur donner le dosage en azote, en acide phosphorique et
en potasse, des différentes matières et spécialement des
engrais commerciaux qu'ils emploient dans leurs cultures; et cela surtout dans le but de savoir à quel prix
ils payent ces trois substances. Quant à la convenance
de leur emploi, c'est à l'expérience seule qu'ils s'adres-
sent, et il faut bien le redire, ils n'ont pas tort, puisque
la science répond à des demandes très-positives par les
données les plus vagues et les plus réservées.

A côté des agriculteurs, il existe heureusement des
agronomes qui ne brillent pas toujours dans leurs tentatives de culture, mais qui cherchent les lois générales
qui lient les phénomènes agricoles, qui veulent comparer la production pour les différentes natures de terres et
les différentes situations. Jamais ils n'approcheraient
du but qu'ils poursuivent, s'ils se contentaient des ren-

seignements donnés par les agriculteurs sur les qualités physiques des terres qu'ils cultivent. Le même sol, suivant le canton, reçoit les épithètes les plus diverses, et quelquefois les plus opposées. Les déplacements pour la vérification personnelle sont inconciliables avec une étude scientifique. Il faut donc aux agronomes des principes de classification simples et incontestables, faciles à établir sur échantillon sans sortir du laboratoire. Il leur faut aussi des méthodes sûres pour doser les substances les plus rares dans les échantillons. Ils ne doivent demander aux agriculteurs que les échantillons eux-mêmes avec les données topographiques, hydrologiques, météorologiques et économiques qui s'y rapportent. Avec ces données et le travail de laboratoire, les agronomes feront sérieusement ce travail de comparaison, qui constitue la véritable science agricole, et à mesure qu'il avancera, les bienfaits de ce progrès scientifique se répandront sur la pratique agricole. Les agriculteurs en auront conscience, parce que la sûreté des méthodes, la confiance que donne au savant la multiplicité des coïncidences dans ses observations, convertiront les réponses vagues en réponses certaines et concluantes qui seront une lumière dans les entreprises agricoles.

La détermination complète des terres arables dans le laboratoire est donc l'œuvre par excellence de l'avenir agricole. Un travail obstiné de quinze années m'a démontré que cette œuvre pouvait avoir dès aujourd'hui un point de départ solide. Malgré bien des obstacles dont le principal est l'affaiblissement de ma vue, et on me permettra de dire, surtout à cause des obstacles, j'ai voulu consigner ici les résultats de mes recherches.

On trouvera naturellement dans ce traité la substance d'un grand nombre d'articles et de lettres que j'ai publiés dans le *Journal de l'Agriculture*. Certaines parties pourront même être reproduites textuellement. La plupart seront modifiées et corrigées; car, n'ayant aucune prétention à l'infaillibilité, j'ai passé ma vie scientifique à contrôler et à admettre ou à rejeter des données que j'avais considérées comme certaines au moment où je les communiquais au public. L'œuvre actuelle est le résultat présent de ce travail de censure; si je me décide à la publier dans cette forme plus solennelle, ce n'est pas que je la croie irréprochable et définitive, c'est parce que je pense que, malgré ses imperfections, elle renferme un assez grand fond de certitude pour être utile. En tout cas, je peux affirmer que je n'ai pas fait un livre avec des livres. Sans doute, ancien élève de Gay-Lussac à l'École polytechnique, et curieux des connaissances physiques, je n'ai pas ignoré les progrès de la science, et j'ai puisé au fonds commun pour la science pure. Je suis seul responsable de l'application.

PLAN DU TRAITÉ.

Le plan de ce traité est très-simple et résulte immédiatement du titre de l'ouvrage. Pour connaître les terres dans le laboratoire, il faut réunir les échantillons, les analyser, les comparer et les classer. Ces quatre

opérations constituent les quatre divisions bien inégales
en développement de ce volume. En effet, la réunion des
échantillons ne demande que de courtes explications en
un seul article. L'analyse se divise en analyse physique
et analyse chimique, et demande des détails minutieux.
La comparaison nécessite le rapprochement sous divers
aspects des résultats d'analyse obtenus dans le laboratoire. Enfin la classification mérite un examen appro-
fondi ; car il est puéril de croire qu'on peut se borner à
ranger les terrains agricoles sous la seule préoccupation
des qualités déterminées, physiques ou chimiques. Elle
présente plusieurs aspects très-différents qui, selon les
cas, doivent dominer, et pour n'en citer qu'un exemple,
on peut classer les terrains suivant l'ordre de leur ténacité ou l'ordre de leur fertilité. Il y a donc une classification économique, comme il y a une classification géographique, une classification physique, une classification
géologique et une classification chimique. C'est cette
variété d'aspects qu'il ne faut pas perdre de vue.

PREMIÈRE PARTIE

RÉUNION DES ÉCHANTILLONS DE SOLS ARABLES.

Pour avoir des échantillons de terre arable de quelque valeur, il est nécessaire de donner des instructions précises aux agriculteurs. Ces instructions ont été résumées par le comte de Gasparin dans un programme auquel nous n'avons que peu de modifications à apporter.

Il faut choisir dans la propriété les terrains les mieux caractérisés, ceux qui forment un groupe bien naturel, reconnu pour tel dans le canton, dont les qualités agricoles sont le plus généralement admises, et rejeter ceux qui forment des transitions d'une variété à l'autre ou des exceptions.

L'échantillon doit être pris dans toute la profondeur de la couche arable, en évitant la couche supérieure ou inférieure. On s'attachera à choisir un champ non fumé ou dont la fumure soit d'ancienne date. Un agriculteur intelligent trouvera facilement, dans une raie de labour, des fragments dans ces conditions. Il réunira ainsi une masse de 500 grammes. Après l'avoir fait dessécher au soleil de préférence, ou, à défaut, à l'intérieur de son habitation, à une chaleur très-modérée, il l'enveloppera de plusieurs doubles de papier gris, et mettra avant le dernier double la réponse aussi complète que pos-

sible aux questions qui vont suivre. Les échantillons
seront expédiés dans une petite caisse en bois pour éviter
qu'ils ne soient altérés par le transport.

QUESTIONNAIRE.

1° Indiquer le pays, le département ou la province,
la commune ou la paroisse, et la situation topographi-
que spécifiée par le nom de la propriété, celui de la
pièce de terre ou son numéro cadastral, l'orientation du
point de la terre dont l'échantillon a été extrait, et au
besoin des alignements, de manière à ce qu'il soit toujours possible d'en retrouver la place.

2° S'il existe des observations météorologiques, en
présenter le résumé, et donner, particulièrement, les
températures moyennes des différents mois de l'année,
le nombre des jours de pluie par mois, et la quantité
d'eau mesurée. Ce renseignement suffit une fois pour
tous les échantillons du canton.

3° Quel nom donne-t-on dans le pays à la variété de
terre qui compose l'échantillon (marne, glaise, boul-
bène, etc.)?

4° Quelles qualités attache-t-on à cette variété de
terre (terre forte, franche, légère, chaude, froide, humide, sèche, etc.)?

5° Quel est l'effet des météores, de la pluie, des vents,
de la gelée, de la sécheresse sur ce terrain et les plantes
qu'il porte?

6° Quelles sont les difficultés ou les facilités que présente cette nature de terre pour les labours et les récoltes?

7° Quelle est la nature des saisons qui contrarient la réussite des cultures dans la contrée (année humide, chaude, sèche, etc.)?

8° Quelles sont les plantes sauvages qui croissent le plus abondamment et le plus constamment dans ces terres (leur nom vulgaire ou scientifique)?

9° Quelle est la profondeur de la couche semblable à l'échantillon? Si la couche inférieure est différente, quelle est sa nature? A quelle profondeur trouve-t-on une couche imperméable à l'eau? Quelle est la profondeur des puits? Le niveau de l'eau qu'ils contiennent est-il constant?

10° Quelle est l'inclinaison du plan du terrain? L'écoulement des eaux y est-il facile?

11° Le terrain est-il abrité d'un ou de plusieurs côtés? Quelle est la hauteur approximative des abris?

12° Quelle est l'élévation approximative du sol au-dessus de la mer ou d'une rivière voisine?

13° Les arbres plantés dans le terrain sont-ils d'une belle venue et quelle est leur essence?

14° A quel genre de culture croit-on ce terrain le plus propre? Comment y réussissent les céréales, les prairies artificielles, les légumes? Y suit-on un assolement régulier? L'indiquer.

15° Quelle est la valeur vénale de l'hectare d'un pareil terrain vendu soit séparément, soit en corps de ferme?

16° Quel est le prix de location d'un hectare de ce terrain affermé, soit séparément, soit en corps de ferme?

17° Quelle est la population de la paroisse ou de la commune, et sa contenance en hectares?

18° Quel est le prix moyen du blé? Quelle est la valeur de la journée de l'ouvrier? Quelle est l'étendue du terrain semblable à l'échantillon qu'il peut cultiver à la bêche dans la journée, et à quelle profondeur?

CLASSEMENT DES ÉCHANTILLONS.

Le premier soin du chimiste doit être le classement des échantillons qu'il reçoit. Il ne peut s'agir d'une classification scientifique, puisqu'elle doit résulter de l'étude même à laquelle l'échantillon sera soumis; et du reste ces classifications concernent le papier plutôt que les tablettes. On doit adopter un classement géographique, ou, pour parler plus rigoureusement, un classement géodésique. Il existe une affinité évidente entre la nature des terres et le relief de la surface. Les dépendances du même soulèvement ou de la même éruption volcanique, les alluvions du même fleuve, les parties du même plateau ont ensemble des rapports qui ne frappent pas moins les regards du voyageur que l'esprit du naturaliste ou du chimiste. Le classement géodésique est donc un classement naturel, très-favorable à l'étude et aux comparaisons, très-commode pour les manipulations; car il n'exige aucun effort d'esprit pour mettre la main sur l'échantillon désiré. On classera donc les échantillons par vallées, montagnes, plateaux. Les divisions secondaires seront établies, dans le même système, en s'aidant sommairement des renseignements géologiques, tels que volcans anciens, volcans modernes, transport glaciaire, formation granitique, formation calcaire, diluvium, alluvion, etc., etc. Enfin, il faut rappeler sur l'étiquette des bocaux en verre, dans lesquels les échantillons devront être placés, le résumé des indications les plus précises fournies par l'expéditeur. Du reste, la note même, jointe à l'envoi, doit être placée dans le goulot du bocal avec chaque échantillon. Ces précautions, bien simples et puériles en apparence, sont la garantie indispensable d'un travail utile dans le laboratoire. Sans elles, ou ce qui revient au même, sans la méthode, il ne resterait plus que des études isolées dont on ne pourrait tirer aucune conclusion générale, tout travail de comparaison devenant impossible ou incertain.

DEUXIÈME PARTIE

ANALYSE PHYSIQUE

___

§ I. — DISCUSSION DES QUALITÉS PHYSIQUES.

Il ne faut jamais perdre de vue que la connaissance que l'on poursuit est celle des avantages ou des inconvénients agricoles de chaque terrain soumis à l'étude ; qu'il ne s'agit pas, par conséquent, de physique pure, mais de physique avec application spéciale. On doit donc d'abord se demander d'une manière générale quelles sont les propriétés du sol qui intéressent les agriculteurs, et la réponse servira de règle à la discussion. Le sol étant l'habitation des plantes cultivées, il faut, pour la prospérité des habitants, une station capable de les soutenir, de les entretenir à l'abri d'une sécheresse excessive et d'une humidité permanente, enfin de mettre les aliments à leur disposition et de les réserver pour leurs besoins. Ténacité suffisante, perméabilité sur une profondeur supérieure à la longueur des racines pivotantes, approvisionnement et conservation des aliments, voilà les qualités essentielles que les agriculteurs demandent à la terre.

Ces qualités sont liées à l'état de division des parties composantes et à leur nature. Il serait donc chimérique de vouloir séparer entièrement les propriétés physiques du sol de la connaissance de la nature chimique des particules qui le forment. Mais des notions sommaires

sur la composition chimique suffisent à la description
des propriétés physiques. On les supposera acquises dans
ce qui va suivre, réservant pour le chapitre de l'analyse
chimique du sol tout ce qui concerne les déterminations
des éléments et en particulier les propriétés alimentaires.

Il est d'usage, parmi les agriculteurs, de diviser
les terres en deux grandes classes : les terres fortes et
les terres légères, et, comme transition de l'une à l'autre,
les terres franches. Cette classification est incontestablement la meilleure qu'on puisse faire, en excluant les
terres pierreuses, c'est-à-dire celles qui contiennent plus
de 60 p. 100 de fragments pierreux plus ou moins atté-
nués, et qui n'existent qu'à l'état de très-rare exception
dans les sols arables. On dit aussi, avec un peu plus de
prétention scientifique : terres sablonneuses et terres
argileuses; mais dans le langage rural le mot argile n'a
pas le sens précis qu'on lui donne dans la science, et
s'applique à des mélanges de parties fines qui contiennent des éléments très-variables : carbonate de
chaux, de magnésie, ocre, etc., etc. C'est la finesse des
particules qui constitue l'argile pour le cultivateur, et,
à son point de vue, il a raison. Quand on veut traduire
en termes scientifiques cette classification aussi excellente que simple, c'est-à-dire quand, sans sortir du laboratoire, on veut comparer des sols de toute provenance,
on est conduit à examiner les causes physiques de cette
légèreté et de cette force proclamées par la pratique, et
cet examen vous met en présence de principes qui présentent une analogie parfaite avec ceux qui dirigent l'in-

génieur dans la composition des mortiers et des bétons ou dans la liaison des chaussées d'empierrement.

Un sol est compacte ou non compacte, continu ou discontinu, agrégé ou désagrégé, sablonneux ou argileux. Toutes ces expressions sont synonymes avec celles en usage dans les champs : un sol est fort ou léger, non pas, bien entendu, d'une manière absolue, mais, dans un canton limité, par comparaison avec des terres de même formation. Or, la connaissance des conditions de ces différents états résulte de la connaissance du rapport entre le volume des vides des parties palpables et le volume de la partie impalpable, qui est la matière de liaison et qui jouit seule des propriétés cohésives, en vertu des principes de l'attraction moléculaire. Ainsi, pour la formation du béton, il faut que le mortier, qui est la matière de liaison, remplisse les vides laissés par les graviers; pour le mortier lui-même, il faut que la chaux hydratée remplisse les vides du sable; pour les chaussées d'empierrement, il faut que la matière de liaison destinée à opérer l'agrégation, sous la pression du rouleau, soit dans un rapport exact avec les vides laissés par les pierres cassées ou le gravier. Enfin, le sol arable ne sera continu, susceptible d'agrégation ou compacte, que lorsque la partie impalpable atteindra ou dépassera le volume des vides de la partie palpable.

Il n'est pas surprenant, mais il est fort remarquable que toutes ces études sur la liaison des particules donnent des résultats très-rapprochés. Sans doute, pour faire le béton ou le mortier, on met en présence de deux volumes du corps à agréger un volume de matière d'agrégation, et nous ne trouvons pas tout à fait un volume de vide ; mais on veut, dans l'art des constructions, un certain excès de matières d'agrégation comme garantie d'une continuité parfaite. L'étude des vides de la partie sablonneuse d'une terre (après séparation de la partie pierreuse par tamisage et de la partie impalpable par lévigation) nous donne constamment de 41 à 42 p. 100 de vide, c'est-à-dire pour deux parties quatre-vingt-trois centièmes. En raisonnant comme les ingénieurs, nous pourrons dire que la terre sera parfaitement continue, compacte ou susceptible d'agrégation, si la partie impalpable représente en volume la moitié de celui de la partie palpable ; ou bien, comme la densité de ces composants est la même, si sur 100 parties le sable en représente 67, et l'argile entendue au sens vulgaire du mot, 33. Mais il ne faut pas oublier que le caractère est acquis quand le rapport est $\frac{200}{83}$, c'est-à-dire quand le sable représente 71 parties et l'argile 29. C'est aussi la proportion limite qu'on emploie par économie pour la confection des bétons. Cette argile peut être chimiquement pure, ou ocreuse, ou marneuse ; cela est indifférent pour le caractère agrologique.

Il a été facile de mesurer les vides de la partie sablonneuse, séparée de la partie impalpable par la lévigation, en employant des pesées de précision d'un volume rigoureusement déterminé de sable sec et de sable imbibé d'eau. Le sable éprouve par l'addition de l'eau un tassement tout à fait insignifiant et qui facilite l'affleurement du liquide. C'est ainsi que nous avons toujours trouvé pour les vides la valeur de 41 à 42 centièmes du volume du sable. Mais, pour l'argile, la difficulté d'une mesure directe nous a paru insurmontable à cause des variations de volume qu'elle éprouve au contact de l'eau. Tout au moins, nous n'avons jamais pu faire une observation rigoureuse des affleurements. Il a donc fallu recourir à un procédé indirect. La densité du sable sec est de 1.4054, la densité de l'argile bien tassée est de 1.4116, tirés l'un et l'autre, bien entendu, du même échantillon. L'analyse chimique prouve qu'ils sont composés, à très-peu près, des mêmes éléments et dans la même proportion. Il est donc démontré que les vides de la partie impalpable sont les mêmes en volume que ceux de la partie sablonneuse, et que la loi qui gouverne tous les procédés d'agrégation naturelle ou artificielle s'applique rigoureusement au mélange de deux éléments impalpables l'un et l'autre, mais différents de nature chimique.

Il est maintenant facile d'expliquer la seconde qualité physique des terres et la plus importante pour l'agriculture, la *ténacité*. Il est évident qu'on ne peut pas parler d'une manière absolue de la ténacité d'un sol désagrégé, ou discontinu, ou non compacte. Il n'est plus question que des sols compactes dans lesquels sur 100 parties, distraction faite de la partie pauvre, l'argile représente au moins 29 parties. Si nous examinons un sol éminemment calcaire, comme les paluds du Comtat Venaissin, il y a compacité ou continuité, car la proportion de la partie impalpable dépasse la moitié du poids de la terre ; mais la ténacité est très-faible. A Fauxbourguette (Tarascon), la proportion de la partie impalpable est à peu près la même, mais le carbonate de chaux n'y entre que pour moitié; la ténacité de ce sol se trouve égale, sinon supérieure, à celle des argiles pures; par la sécheresse, c'est un rocher absolument inattaquable aux instruments les plus puissants de la culture. Il y a donc dans le mélange du carbonate et de l'argile pure une proportion limite au delà de laquelle l'influence d'un excès d'argile pure est nulle sur la ténacité. Le raisonnement est d'accord avec l'expérience, il est absolument parallèle à celui qui nous a guidés dans l'étude de la compacité. Dès que la quantité d'argile est suffisante pour excéder les vides du carbonate, il y a continuité entre les particules argileuses, et leur contraction sous l'influence de la sécheresse réalise la ténacité. Réciproquement, dès que le volume du carbonate est suffisant pour excéder les vides de l'argile, il y a continuité entre les particules de carbonate; elles forment un réseau invariable qui contrarie les effets de la dilatation et de la contraction de l'argile, et le mélange devient immobile, c'est-à-dire qu'il joint à la *continuité* ou *compacité*, et à la *ténacité*, un troisième caractère que nous devons appeler l'*immobilité*.

Ces trois caractères et leurs contraires, la *disconti- nuité*, la *friabilité* et la *mobilité*, donnent, en se combinant, la nomenclature complète des terrains envisagés sous le rapport de leur description physique. En effet, tous les phénomènes du mouvement de l'eau dans les sols arables ou leur *perméabilité* dépendent exclusivement de ces qualités.

§ II. — MANIPULATION PHYSIQUE.

1° *Prise de l'échantillon d'analyse.* — On prend dans le bocal contenant les 500 grammes de l'échantillon d'envoi, et par pesée à une petite bascule trébuchant au décigramme : 100 grammes de la terre naturellement sèche ou, à défaut, ayant passé vingt-quatre heures au moins à l'étuve à 60° centigrades. On formera l'échantillon avec la terre dans un état d'agrégation naturelle, en évitant de prendre les débris qui peuvent ne pas avoir la même proportion de composants de grosseur différente que le terrain naturel. Comme cet échantillon de 100 grammes doit fournir à toutes les parties de l'examen physique et chimique, il est essentiel de discuter, une fois pour toutes, la préparation de ces différents lots, afin de ne plus avoir à y revenir.

2° *Discussion de l'influence de l'état de division du sol sur ses qualités agricoles.* — Comme nous l'avons indiqué plus haut, si l'on procède à la lévigation d'un lot de terre, c'est-à-dire si l'on sépare, par un des procédés en usage (dont le plus simple est l'agitation giratoire dans un verre), la partie qui reste en suspension dans l'eau arrivée au repos après l'agitation, et si cette lévigation est faite avec soin, il ne reste plus qu'une masse sablonneuse parfaitement friable quand elle est desséchée, c'est-à-dire dépourvue de ténacité. Mais pour peu que la lévigation soit incomplète, la consistance se manifeste dans une plus ou moins grande mesure, suivant le moins ou plus de soins apporté à l'opération. Il résulte de ce

2

fait que la limite de grosseur des particules que l'on peut considérer comme matière de liaison réalisant la continuité du terrain et pouvant lui donner de la ténacité (quand elles sont de nature argileuse), que cette limite, disons-nous, est justement celle des particules pouvant rester un moment en suspension dans l'eau arrivée au repos après agitation.

Il faut donc, pour apprécier dans le laboratoire les propriétés physiques d'un sol, déterminer aussi complétement que possible la partie impalpable, et, comme on l'a vu plus haut, y joindre la connaissance de la proportion d'éléments calcaires qu'elle contient. Mais il reste une difficulté à résoudre, celle de distinguer la partie sablonneuse de la partie pierreuse. A quelle dimension s'arrêtera-t-on? Cette difficulté a été résolue empiriquement par les chimistes depuis Gay-Lussac. Tous sont convenus d'appeler *pierres* les parcelles qui ne pouvaient pas passer dans un tamis dont les trous sont de la grosseur d'une tête d'épingle, comme un passe-lait, par exemple, ou un tamis à mailles carrées en fil de laiton qui contiendrait dix fils par centimètre.

Il convient d'introduire dans ce choix la précision du raisonnement et de l'appuyer par de nombreuses expériences. Le véritable caractère de la partie pierreuse est de pouvoir être enveloppée entièrement par le sable et l'argile réunis, si ces deux lots sont en quantité suffisante. En d'autres termes, c'est le remplissage intégral des vides laissés par les pierres par les deux autres lots, en sorte que, si la densité propre de la pierre est 2.27, la densité du sable et de l'argile réunis étant 1.48, P étant le volume de la pierre et S le volume de sable et argile, la densité de la terre sera

$$\frac{P \times 2.27 + S \times 1.48.}{P + S}$$

Voilà la véritable définition physique de la partie pierreuse. Elle est très-importante, car il ne faut pas croire que, dans un mélange de sable et d'argile, l'argile garnisse les vides du sable et vienne accroître sa densité dans la proportion de ces vides. Il n'en est rien. Le sable, qui est de toutes les dimensions, depuis la limite de l'impalpable jusqu'à la pierre, se garnit en quelque sorte par lui-même, et l'introduction de la partie impalpable accroît le volume sans influer sur la densité d'une manière marquée, en sorte que le mélange, sable et argile, est à peine plus dense de un dixième que le sable seul, qui contient cependant quatre dixièmes de vide.

C'est en s'appuyant sur ces faits et sur ces principes d'une manière inconsciente que les physiciens et les chimistes ont été amenés à une pratique approximative pour la détermination du lot pierreux, et sont tombés d'accord de considérer comme inerte pour la végétation toute la partie pierreuse. Cet accord est fondé, d'ailleurs, sur des données incontestables. La plupart des éléments qui composent le sol deviennent solubles dans des circonstances données, et peuvent alors concourir à l'acte de la végétation; mais cette solubilité varie, pour le même corps, avec l'état de division de ce corps; l'impénétrabilité empêche les contacts avec les dissolvants autrement que par les surfaces. La solubilité peut donc être considérée comme proportionnelle à la surface. Les surfaces libres sont, pour le même poids de substance, en raison inverse des dimensions linéaires de leurs parties. Il faut donc déterminer sur des exemples réels et maxima les chances d'erreur d'appréciation que l'on peut commettre dans l'examen des terres arables en raison de la division adoptée pour séparer la partie pierreuse du reste de la terre. En se servant pour cette séparation du tamis métallique contenant dix fils de laiton par centimètre, en raison de la dimension des fils, le diamètre du sable qui passe n'excède pas sept dixièmes de millimètres. Par ce procédé, beaucoup de terres arables ne donnent pas de pierres dans les terrains d'alluvion. Les terres de diluvium et certains terrains glaciaires contiennent de 5 à 20 p. 100 de pierres. Enfin nous n'avons trouvé dans nos analyses que très-peu de sols arables arrivant à moitié pour le lot pierreux. Nous en citerons trois : l'un est un verger d'oliviers; le second une terre à vignes dans le territoire de Saint-Gilles; enfin le troisième est une terre de Roville fournie par Mathieu de Dombasle et cotée n°s 3 et 4. *Terre de la vallée, loin de la côte.* Cette terre a donné 48.50 sur 100 de pierres en gros fragments. On peut donc affirmer que la quantité de 50 p. 100 est le maximum du lot pierreux dans les terres arables.

Cette terre de Roville, excessivement maigre et improductive, peut nous servir d'exemple ; car elle contient également une proportion minimum de parties impalpables, seulement 8.10 p. 100. Voyons donc ce qu'on néglige dans ce sol pour l'alimentation des plantes, en mettant de côté le lot pierreux. Le diamètre moyen des pierres est de 5 millimètres ; le diamètre moyen du sable, de $0^{mill}.35$. On peut évaluer celui de l'impalpable à $0^{mill}.005$. Le lot de pierres étant de 48.50, celui du sable 43.40 et celui de l'argile 8.10, les pouvoirs alimentaires ou les indices de solubilité sont :

$$\text{Pour le lot pierreux...} \quad \frac{48.50}{5000} = 0.0097$$

$$\text{Pour le sable ....} \quad \frac{43.40}{350} = 0.1240 \quad \Bigg\} \; 1.7537$$

$$\text{Pour l'impalpable .....} \quad \frac{8.10}{5} = 1.6200$$

En négligeant le lot pierreux, on n'abandonne, pour l'appréciation des aliments mis à la disposition des plantes, que $\frac{97}{17,537}$ c'est-à-dire à peu près *cinq millièmes* des éléments assimilables. Ce maximum tout à fait exceptionnel est habituellement réduit à moins d'un dix-millième. Il est donc établi que la pratique des chimistes est conforme à la réalité des faits naturels, et que l'examen chimique peut légitimement se porter seulement sur la partie de la terre qui reste quand on a retranché les pierres par le tamisage avec un tamis en fils de laiton à mailles carrées contenant dix fils par centimètre.

Mais au point de vue économique la détermination exacte de ce lot a la plus grande importance. Justement parce qu'il est à peu près inerte, il tient la place de parties actives dans le sol, et la fertilité est réduite en raison de son volume. Ainsi, toutes choses égales d'ailleurs, deux terres qui contiendraient l'une 50 p. 100 de lot pierreux, l'autre 10 p. 100, seraient, par cela même, pour la fertilité, dans le rapport de 50 à 90. C'est ce qu'il ne faut pas oublier et ce qu'on oublie trop souvent dans les classifications de terrains suivant leur valeur. Si les pierres sont gênantes pour les travaux de culture, elles sont sans influence réelle sur la consistance du sol. Comme dans toutes les terres arables, elles sont entièrement enveloppées et en quelque sorte noyées dans les deux lots *sable et argile*, leur rôle est parfaitement insignifiant, pareil à celui d'un corps plongé dans une masse liquide qui n'influe pas sur la mobilité ou la pénétrabilité du fluide qui l'entoure. Seulement la densité de la terre est accrue par la présence des pierres, et elle demande par conséquent plus d'efforts pour soulever et transporter le même volume. Enfin il ne faut pas perdre de vue que, si la partie pierreuse, ce qui arrive souvent, contient un élément dont les deux autres lots sont entièrement dépourvus, l'instinct des végétaux, surexcité par le besoin, leur fait trouver cet élément, même sous cette forme ingrate, et que, du reste, l'impénétrabilité des pierres n'est que relative et que la porosité tend à réduire l'influence des surfaces. Un chimiste qui voudra se rendre compte de certains phénomènes de végétation en apparence inexplicables, devra donc constater la nature chimique du lot pierreux par un rapide essai qualitatif.

§ III. — SÉPARATION DES LOTS.

On prend l'échantillon de 100 grammes, comme on l'a exposé au paragraphe précédent. On le triture avec soin dans un mortier de porphyre, en se servant d'un pilon en bois, et en ayant la précaution de ne pas écraser les fragments pierreux. On prend rapidement le sentiment de la pression suffisante pour désagréger l'échantillon sans altérer le mode naturel de division des parties. On ne doit pas insister sur la trituration, c'est-à-dire, on doit faire passer très-fréquemment la masse au tamis métallique décrit plus haut, et on continue ainsi jusqu'à ce qu'il ne passe plus rien au tamis. Dans la dernière partie de l'opération, on substitue le doigt indicateur au pilon en bois. Tout ce qui a passé par les mailles du tamis est réservé. Ce qui est resté sur le tamis est reçu dans une capsule de Bayeux, à bec, et lavé à grande eau jusqu'à ce que l'eau soit claire. Alors on recueille le résidu, on le dessèche, on l'agite de nouveau sur le tamis en laiton, et on pèse sur la bascule ce qui est resté sur le tamis. Le poids constaté est consigné par écrit et est intitulé : *pierres.*

On prend la réserve *sable et argile* qui a passé au tamis dans la première partie de la manipulation, et on la fait sécher de nouveau deux heures à l'étuve de Gay-Lussac à 60°. On pèse exactement à un trébuchet sensible au centigramme 10 grammes de cette réserve. On met de nouveau de côté ce qui reste pour servir à l'analyse chimique. Quant aux 10 grammes pesés, on les

place dans un verre à bec, et on procède à la lévigation
en remplissant le verre d'eau et en imprimant à la masse
un mouvement giratoire rapide avec un agitateur en
verre ou, mieux encore, en bois. Cinq minutes après chaque agitation, on évacue le liquide qui surnage avec une
teinte uniforme, ce qui est très-facile à apprécier. On
continue cette opération tant que le liquide qui surnage
reste trouble. En général, après quarante lavages, toute
la partie impalpable est éliminée; mais il n'y a pas de
nombre fixe; telle terre laisse le liquide clair après vingt
lavages, telle autre donne encore un léger louche au
cinquantième. Il faut donc procéder avec intelligence et
ne pas se contenter des à-peu-près. Cette ennuyeuse
opération, qui dure environ cinq heures, a donné aux
physiciens l'idée de suppléer par des moyens variés à la
main du manipulateur. Ces moyens, qui se réduisent
tous à soumettre la terre à un courant vif à l'entrée et
faible à la sortie, qui entraîne les particules les plus dé-
liées, sont parfois très-ingénieux. Mais par cela même
qu'ils sont variés, ils n'établissent pas un moyen de comparaison sûr d'un laboratoire à l'autre, et puis, ils laissent
à désirer en ce qui concerne l'achèvement et la perfec-
tion de l'opération. Le détachement des parcelles impalpables agglutinées avec les parcelles palpables ne peut pas
s'opérer toujours par un courant uniforme. Le procédé
vulgaire a l'immense avantage d'être pris, interrompu et
repris, et le temps de l'imbibition, comme la variété infi-
nie des mouvements, aident merveilleusement au dé-
pouillement des parties palpables. Sans doute on peut
accuser ce procédé de créer dans une certaine mesure

de l'impalpable par des frictions répétées ; ceux qui auront longtemps pratiqué tiendront pour certain que ce risque est bien minime à côté du risque d'oublier, soit pour l'importance absolue des déterminations, soit pour les rapports des quantités entre elles. On doit donc se tenir au vieux procédé de lévigation, et comme il ne demande ni application, ni régularité, il se concilie parfaitement avec les autres opérations courantes du laboratoire, ne retarde et n'empêche rien.

Le sable laissé dans le verre par la lévigation est reçu sur un filtre, desséché à 60° et pesé au trébuchet. Son poids sert à déterminer la proportion du sable dans la terre de la manière suivante. Soit 35 décigrammes le poids trouvé. Pour 100 grammes il serait de 35 grammes ; si le lot pierreux est de 15 grammes, ce lot enlevé, il ne reste que 85 grammes : le lot sable est donc $\frac{35 \times 85}{100} = 29.75$. Quant au lot argile, il résulte d'une simple soustraction, et nous avons dans l'exemple cité :

Pierres.....................	15.00	
Sable......................	29.75	100.00
Argile ou impalpable	55.25	

Voilà les règles fondamentales de l'établissement des lots. Sans doute on pourrait les multiplier à l'infini ; mais ces subdivisions sont puériles et sans aucune utilité pratique, comme elles sont sans valeur scientifique.

§ IV. — DES CLASSES SUIVANT LES PROPRIÉTÉS PHYSIQUES.

En partant de la détermination des lots telle que nous venons de l'exposer et en appliquant les théorèmes sur la *continuité*, la *ténacité* et l'*immobilité* que nous avons développés et démontrés dans le § II de cette deuxième partie de notre Traité, on caractérise physiquement les terres par grandes divisions naturelles. Ces grandes divisions étant subdivisées méthodiquement, on obtient ce qu'on appelle une classification des terres arables ; nous réservons cette classification d'après notre plan pour la fin de notre ouvrage. Il nous faut examiner les divisions principales dès à présent pour montrer le mouvement de l'eau dans chacune d'elles, ce qui est nécessaire pour compléter l'examen physique des terres. Nous supposerons dans ce qui va suivre les pierres séparées, puisqu'elles n'importent pas aux qualités physiques du sol, et tous les chiffres se rapporteront à 100 parties de ce qui reste de la terre après cette séparation.

1re *division.*

Plus de 70 p. 100 de sable.............. Terrain discontinu.

2e *division.*

Moins de 70 p. 100 |
Plus de 30 p. 100 } de sable........... } Terrain friable, immobile,
Plus de 70 p. 100 de carbonate de chaux. } continu.

3e *division.*

Moins de 70 p. 100 |
Plus de 30 p. 100 } de sable........... |
Moins de 70 p. 100 } de carbonate de chaux. | Terrain tenace, immobile, continu.
Plus de 30 p. 100 |

4° *division.*

Moins de 70 p. 100)
Plus   de 30 p. 100 } de sable...........) Terrain tenace, mobile,
Moins de 30 p. 100 de carbonate de chaux.) continu.

5° *division.*

Moins de 30 p. 100 de sable............ Craies, marnes et argiles.

En excluant la 5° division qui, comme les terrains qui contiennent plus de 70 p. 100 de pierres, est généralement en dehors des sols arables proprement dits, il ne reste que quatre divisions dont voici la synonymie :

1re *division.* — Sols sablonneux, terres légères, et à la limite terres franches, c'est-à-dire quand il y a de 70 à 80 p. 100 de sable ;

2° *division.* — Terres calcaires ;

3e *division.* — Sols argilo-calcaires, terres marneuses, terres fortes calcaires ;

4e *division.* — Sols argileux, terres fortes siliceuses, terres argilo-siliceuses.

Il est bien entendu que les caractères ont un maximum et un minimum d'après la loi ordinaire des maxima et des minima. Ainsi le maximum du caractère de la 3° division arrivera quand le lot de sable sera de 30 p. 100 et que le carbonate de chaux et l'argile seront en proportions égales dans le lot impalpable. Il est évident que les maxima pour les autres divisions arrivent quand les éléments qui les caractérisent atteignent leur limite supérieure. Ainsi pour la 4e division, on a le maximum du caractère quand le lot de sable est de 30 p. 100 et que les 70 grammes de l'impalpable ne contiennent pas de carbonate de chaux.

Donnons maintenant un exemple réel de chacune de ces divisions.

1re DIVISION.

Vigne de Lacryma-Christi, Vésuve, descente de Renna.

Sable..... 89.40 p. 100. { Terre légère ferrugineuse.

Prés de Grenouillet (Orange).

Sable..... 74.40 p. 100. { Terre franche calcaire.

Alluvion du Rhône, Sauveterre (Gard).

Sable..... 70.50 p. 100. { Terre franche siliceuse.

2e DIVISION.

Althen-les-Paluds (Vaucluse).

Sable .... 48.00 p. 100 } Terre calcaire friable, à garan-
Carbonate de chaux.. 86.65 p. 100 { ces.

3e DIVISION.

Vigne de Rougetty (Tarascon).

Sable............... 88 p. 100 } Terre argilo-calcaire, tenace
Carbonate de chaux..... 35 p. 100 { moyennement, immobile.

Martignan, Orange (Vaucluse).

Sable............... 43 p. 100 } Terre argilo-calcaire, très-te-
Carbonate de chaux..... 49 p. 100 { nace, immobile.

Castrogiovanni (Sicile).

Sable............... 64 p. 100 } Terre moyennement tenace,
Carbonate de chaux..... 39 p. 100 { immobile, argilo-calcaire.

4ᵉ DIVISION.

Saint-Contest (Calvados).

Sable	66.00 p. 100	Terre faiblement tenace , sili-
Carbonate de chaux..	1.42 p. 100	ceuse, très-fertile, mobile.

Chigny (Morges, canton de Vaud, Suisse).

Sable	58.00 p. 100	Terre tenace, argilo-siliceuse,
Carbonate de chaux..	4.75 p. 100	en nature de vignes.

Roville (Meurthe).

Sable...............	52 p. 100	Terre fertile, tenace, argilo-si-
Carbonate de chaux.....	6 p. 100	liceuse, mobile.

Nicolosi (Catane à l'Etna).

Sable	55.00 p. 100	Terre argilo-ocreuse, tenace,
Carbonate de chaux..	10.30 p. 100	mobile, chargée de matières organiques.

5ᵉ DIVISION.

Fauxbourguette (Tarascon, Bouches-du-Rhône).

Sable	28.00 p. 100	Terre incultivable à cause de sa
Carbonate de chaux..	41.50 p. 100	tenacité, véritable marne.

Mourre-rouge (Orange, Vaucluse).

Sable	26.00 p. 100	Argile réfractaire, employée à la
Carbonate de chaux..	0.70 p. 100	fabrication des briques.

Examinons maintenant le mouvement de l'eau dans chacune de ces grandes divisions.

1ʳᵉ *division.* — Le mouvement de l'eau est toujours libre dans la 1ʳᵉ division, qui comprend tous les sols discontinus caractérisés par une proportion de plus de 70 p. 100 de sable dans la terre après séparation de la partie pierreuse par le tamis à mailles carrées contenant dix fils de laiton par centimètre dans les deux sens. Tous ces terrains sont donc naturellement drainés et échappent aux inconvénients des eaux stagnantes, à moins qu'ils ne reposent en faible épaisseur sur un sous-sol continu, auquel cas les végétaux dont les racines pénètrent jusqu'à la couche compacte sont soumis à tous les accidents propres à la classe à laquelle le sous-sol appartient. Les sols discontinus joignent, à l'avantage d'un drainage naturel des eaux surabondantes, une propriété bien précieuse, la conservation de l'humidité qui adhère aux particules sablonneuses. En effet, la discontinuité s'oppose aux effets de la capillarité qui tend à amener cette humidité à la surface et à la dissiper par l'évaporation. Ces terrains sont donc à la fois drainés et frais. C'est cette double condition qu'on cherche à réaliser dans les sols continus par le drainage artificiel; mais les effets de cette opération restent toujours bien au-dessous de ceux du drainage naturel résultant de la constitution du sol. Bien que les opérations de drainage soient très-précieuses pour évacuer les eaux surabondantes, elles sont sans efficacité contre les sécheresses prolongées.

Il ne faudrait pas croire que les terrains discontinus participent tous au même degré aux propriétés d'assèchement et de fraîcheur qui les caractérisent en général. Entre le sable pur et le sable associé à 30 p. 100 d'impalpable, il y a bien des nuances. Ainsi, comme l'a établi un physicien, M. Masure, par des expériences nombreuses et bien faites, quand on traite entre 20 et 30 p. 100 d'impalpable dans les sols siliceux, on a affaire aux terres que les agriculteurs de la Beauce nomment *terres franches*, c'est-à-dire présentant un appui convenable aux plantes, une résistance moyenne aux instruments de culture, des ressources d'aliments minéraux importants (car, ainsi que nous l'avons expliqué plus haut, ces ressources croissent avec l'état de division des parties), enfin se ressuyant facilement et conservant un certain degré de fraîcheur. On peut néanmoins affirmer que le drainage est inutile dans les terres profondes toutes les fois que le dosage de la partie impalpable n'atteint pas 30 p. 100.

Une autre différence entre les diverses terres de la 1re division est fondée sur la nature chimique du sable. Les phénomènes de capillarité ne sont pas identiques dans un sable siliceux et dans un sable calcaire. Le sable calcaire est doué d'une porosité et par suite d'une avidité pour l'eau qui, dans les saisons sèches, rend l'évaporation beaucoup plus rapide qu'elle ne l'est dans les sables siliceux. Il est facile de s'en convaincre en pesant, au bout d'un temps donné, deux caisses identiques remplies, l'une de sable calcaire, l'autre de sable siliceux, imbibés de la même quantité d'eau au début de l'expérience. On pourra donc voir, suivant les circonstances météorologiques, les végétaux exposés, dans les sables calcaires, à des accidents qui leur seront épargnés dans les sables siliceux.

Telles sont les bases secondaires qui servent à établir les genres dans les sols discontinus : la variation du dosage du lot impalpable, la nature calcaire ou siliceuse du sable, enfin la coloration qui dépend de la proportion d'autres éléments, le sesquioxyde de fer et les matières organiques. La coloration a une influence prépondérante sur les facultés thermiques du sol. Quelque importance qu'on ait voulu donner à la capacité propre du terrain pour la chaleur, les différences de capacité spécifique entre les terrains sont trop peu marquées pour pouvoir entrer en ligne de compte quand il s'agit de comparer ce que les agriculteurs appellent une terre chaude à une terre froide.

Malgré ces différences, les terrains discontinus participent tous au caractère général de la division, et les différences du plus ou du moins sont peu considérables, si on les met en parallèle avec l'énorme distance qui les sépare des trois classes qui constituent les sols continus. Tous les agriculteurs savent que, par des cultures profondes et répétées, on rompt artificiellement la continuité du sol, on entrave la capillarité, et on maintient la fraîcheur tout en abaissant le niveau des eaux stagnantes. C'est ainsi que l'homme parvient à tirer parti des sols compactes, et jouit de leur supériorité alimentaire ; car il ne faut pas oublier que la puissance nutritive d'un sol est, toutes choses égales d'ailleurs, en raison directe de l'atténuation des parties qui le composent. Il en résulte que les sols légers restent en général très-inférieurs en produit et en valeur vénale aux sols compactes. Il n'en a pas toujours été ainsi ; ce sont les progrès de la mécanique agricole qui ont établi la supériorité des terrains les plus riches en aliments minéraux assimilables.

2ᵉ *division*. — Cette division est celle des terrains

continus souples et immobiles. Ils sont caractérisés par un lot de moins de 70 et de plus de 30 p. 100 de sable, et par une proportion de plus de 70 p. 100 de chaux dans la partie impalpable. Notons en passant qu'il est rare qu'il y ait une différence notable de composition chimique entre le lot impalpable et le lot sablonneux, ce qui permet en général d'apprécier assez exactement la proportion de l'élément calcaire en particulier, par l'analyse générale de l'ensemble, sable et argile. Quoi qu'il en soit, ces terrains sont de ceux que les agronomes ont nommés *purement calcaires*, bien que parfois le calcaire entre pour moins de moitié dans leur composition. En effet, dans des circonstances très-rares, on trouve dans un lot de 10 grammes 6 grammes de sable siliceux associés à 4 grammes d'impalpable dans lequel le calcaire entre pour 3 grammes; les terrains qui présentent cette singularité sont compris dans cette division. En général, le sable et la partie impalpable sont de même nature et contiennent le calcaire dans la même proportion. Ces terrains sont, dans tous les cas, souples et friables; ils ont l'apparence de la cendre, et offrent, par conséquent, de grandes facilités à la culture. Mais ils sont absolument stériles sans un transit continuel de l'humidité, soit atmosphérique, soit souterraine. Le réseau de calcaire impalpable qui est contenu dans le terrain est doué d'une activité capillaire prodigieuse; aussi ces terrains sont-ils d'une fécondité extraordinaire, quand, à des circonstances favorables telles que la présence d'une nappe d'eau inférieure, ou un climat pluvieux, ou des arrosages réguliers, on joint une application plutôt répétée qu'abondante d'engrais. Des terrains de cette nature, qui occupent une vaste étendue dans le département de Vaucluse se louent facilement 300 francs l'hectare à l'ordinaire, et beaucoup plus dans des positions privilégiées. On peut se rappeler, comme preuve de l'énergie du mouvement capillaire de l'eau dans le calcaire très-divisé et continu, l'expérience bien simple d'un tube ouvert aux deux bouts, bouché d'un côté avec précaution par un fragment de craie, rempli d'eau, et renversé, par le bout libre, dans la cuve à mercure. Le transit de l'eau à travers la craie, entretenu par l'évaporation, fait élever graduellement le mercure dans le tube, sans que l'ascension soit entravée par la pression atmosphérique sur le haut du tube.

3e *division*. — La troisième division est celle des terrains continus tenaces immobiles. Ils sont caractérisés par un lot de sable de moins de 70 p. 100 et de plus de 30 p. 100, et par une proportion de plus de 3 dixièmes et de moins de 7 dixièmes de carbonate de chaux dans le lot impalpable. Ces terrains sont ceux que les agronomes appellent *argilo-calcaires*, et c'est dans cette classe que se trouvent la plus grande partie des terres d'alluvion ou de sédiment de la basse vallée du Rhône. Elles sont plus ou moins tenaces suivant le poids du lot impalpable. Quand ce poids ne dépasse pas 5 grammes sur 10 grammes du mélange sable et argile, la terre est assez souple et maniable aux instruments, et se rapproche de la catégorie des *terres franches* sous ce rapport. Quand ce poids est compris entre 5 et 7 grammes, on a affaire à un sol très-tenace, à une véritable terre forte.

Quand il dépasse 7 grammes, ces terrains deviennent de véritables marnes ou argiles marneuses, et sortent ainsi de la catégorie des sols arables proprement dits.

Ces terrains sont à la fois doués de grandes ressources et exposés à de graves dangers. Les ressources résultent de leur richesse minérale, de l'abondance du carbonate de chaux, qui leur permet de se ressuyer assez rapidement après les pluies, de façon à pouvoir porter les bêtes de labour ; enfin, de l'abondance de l'argile qui empêche la déperdition des engrais qui leur sont confiés. On peut donc leur appliquer de grandes forces pour vaincre leur ténacité et adopter des assolements à long terme, dans lesquels l'engrais appliqué aux prairies artificielles fait sentir son effet pendant plusieurs années après qu'on les a rompues. Les dangers résultent du mouvement de l'eau dans ces terrains. Ces dangers ne sont pas moins sérieux dans les saisons humides que dans les saisons sèches. En effet, si le sol desséché a une grande avidité pour l'eau et l'absorbe facilement, une fois imbibé, il devient en quelque sorte imperméable ; le mouvement de l'eau excédante devient tellement lent que les racines des végétaux sont exposées à la pourriture, qui entraîne leur souffrance et leur mort, si le rétablissement du beau temps n'amène pas assez vite une évaporation rapide à la surface, et, par conséquent, l'activité de ce mouvement capillaire de l'humidité, qui est la condition de la vie des plantes cultivées dans les terres de cette division.

Dans les sécheresses prolongées, au contraire, l'évaporation, alimentée par l'ascension capillaire, fonctionne

avec une telle énergie que l'humidité indispensable à la
nutrition des racines disparaît; le mouvement de la
séve s'arrête, et si cet arrêt estival est trop prolongé, la
plante meurt d'inanition. C'est donc dans ces terrains
que les défoncements doivent avoir les plus heureux
effets, et c'est là aussi qu'ils se sont généralisés depuis
plus de trente années, dominant tous les autres procédés
agricoles, instruments (défonceuses), plantes cultivées
(garance, luzerne), mode de fumure, association des
forces des agriculteurs, etc., etc. Mais, dès que ces cultures profondes sont interdites par une circonstance
agricole permanente, le double danger que nous avons
signalé reparaît dans toute son étendue. On en a fait
la douloureuse expérience pour les vignobles. Autrefois
la culture de la vigne dans les terrains de cette nature
était tout à fait spéciale ; elle était établie par cordons,
ce qu'on appelle, dans la région du sud-est de la France,
des *manouillères*. Quatre rangs de souches au plus sépa-
raient, soit les parcelles, soit les héritages. Alors la vigne
participait au bienfait des cultures pratiquées dans les
champs contigus qui ameublissaient le sol. A partir de
1860, en vue de bénéfices considérables et prochains,
on a couvert ces terrains de vignobles continus dont la
surface seule est cultivée sur une profondeur de 15 centimètres au plus. Le sol a bientôt pris dans toute son
étendue, à un degré redoutable, les caractères de ténacité et d'immobilité attachés à sa constitution. Les con-
séquences ont été assez terribles pour qu'il soit inutile
de s'y arrêter.

4ᵉ *division.*—La quatrième division des terres arables

est celle des sols tenaces et mobiles. Ils sont caractérisés par un lot de sable de plus de 30 p. 100 et de moins de 70 p. 100, et par une proportion de moins de 3 dixièmes de carbonate de chaux dans le lot impalpable. A peu près toutes les terres fortes de la Beauce, de la Brie, de la Flandre, du Nivernais, etc., sont comprises dans cette classe. Les agronomes les appellent sols *silico-argileux*. Quand le lot sablonneux descend au-dessous de 30 p. 100, on sort des sols arables pour arriver aux véritables argiles. Les terres silico-argileuses, quand elles sont situées sous un climat tempéré, sont le triomphe de l'agriculture. Elles acceptent et conservent tous les engrais et tous les amendements, et ne déjouent pas à chaque instant, comme les sols argilo-calcaires, les plans agricoles les mieux combinés. Quand elles contiennent de 2 à 5 p. 100 de carbonate de chaux, elles n'ont rien à envier aux sols calcaires pour la prospérité des fourrages légumineux (luzernes, sainfoins, etc.), et peuvent porter, à l'aide de riches fumures, des récoltes de blé de 40 hectolitres par hectare. Le danger de ces terrains est dans leur peu de perméabilité. Si le sous-sol est argileux, ils deviennent impropres à la culture et souffrent également de l'humidité surabondante et des sécheresses prolongées qui, malgré la ténacité avec laquelle les argiles siliceuses retiennent l'eau, finissent par dessécher complétement une sole de peu d'épaisseur reposant sur un fond imperméable. Toute l'agriculture de ces terrains, en dehors de la question des engrais, consiste donc dans les combinaisons les plus propres à assainir le sol, le drainage, le sous-solage, les cultures

en billons, en ados, et les cultures profondes partout
où l'épaisseur de la sole le permet. La lutte contre l'humidité est, dans ces terrains, bien plus importante que
la lutte contre la sécheresse, parce que l'ascension capillaire provoquée par l'évaporation est beaucoup moins
active que dans les sols calcaires, combattue qu'elle est
par l'affinité de l'eau pour les particules siliceuses, alumineuses et ocreuses dont sont formés les sols silico-argileux. Ils éprouvent, en raison même de cette affinité,
des variations de volume qui constituent leur *mobilité*.

TROISIÈME PARTIE

ANALYSE CHIMIQUE

---

§ I. — DISCUSSION DES QUALITÉS CHIMIQUES.

Ainsi qu'on l'a vu dans la discussion des qualités physiques des terres arables, ces qualités sont liées à la
nature chimique des composants. L'étude de la composition chimique d'un sol se présente donc sous deux
aspects très-distincts : l'influence de cette composition
sur la consistance du terrain; sa richesse pour l'alimentation des végétaux cultivés. Il est évident que pour ce
qui regarde l'état physique du sol, les éléments très-rares
sont sans influence. L'étude des composants abondants
présente seule quelque intérêt à ce point de vue. En ce
qui concerne l'alimentation des végétaux, c'est justement l'inverse. Tout l'intérêt s'attache aux éléments
très-disséminés; car la meilleure partie de l'art agricole
consiste à suppléer, par le choix bien entendu et la répartition des engrais, à la rareté ou à l'absence des molécules organiques ou inorganiques qui, soit directement, soit indirectement, servent au développement de
la vie végétale.

Le rôle de l'analyste semble donc bien différent dans
les deux cas. Cependant il est un lien scientifique qui
permet de réunir les deux études en une seule. Ce lien
est la précision. Qui peut le plus peut le moins. Le chi-

miste qui sera capable de doser avec exactitude des composants qui n'entrent que pour des milligrammes dans un échantillon de 10 grammes d'une terre arable, ne sera certainement pas embarrassé de déterminer, chemin faisant, les substances qui entrent pour des grammes, des décigrammes, ou même des centigrammes. La détermination des substances abondantes sera donc dans ce Traité considérée comme subordonnée à celle des substances rares.

Il semblerait naturel, au début de cette étude, d'énumérer les substances alimentaires ; mais les opinions sur cette question sont très-diverses, et le nom d'*aliment*, accordé par certains physiologistes à tous les composés chimiques qui se trouvent dans la constitution des végétaux, est refusé, par d'autres, à la plupart d'entre eux qui ne joueraient dans les tissus qu'un rôle purement mécanique ou même absolument nul, car, disent-ils, ces éléments s'y trouvent en quantité variable, et ont été entraînés par les liquides de l'économie en raison de leur abondance et de leur solubilité. Si l'on examine, du reste, la composition moyenne des végétaux, il est facile de reconnaître que les substances binaires, ternaires et quartenaires (oxygène, hydrogène, carbone et azote) forment à elles seules plus de 90 p. 100 du poids du végétal, en sorte que ces substances sont essentiellement les aliments de la végétation. Les substances binaires, ternaires et quartenaires sont fournies par l'atmosphère, les liquides qui traversent le sol et les engrais. Le sol vierge lui-même, c'est-à-dire le sol, abstraction faite des engrais accumulés, n'entre ordinairement que pour une bien faible proportion dans la constitution organique du végétal. Sans doute des terres en nature de marais récemment desséchés, des défrichements de bois qui ont reçu une accumulation de produits végétaux, ou des terrains d'alluvion soumis à des inondations périodiques, peuvent fournir seuls à la constitution végétale ; mais il ne faut pas perdre de vue que ce sont là des exceptions, et que ces terrains sont justement dans le même cas que ceux qui ont ce que les agriculteurs appellent une vieille force, c'est-à-dire une réserve plus ou moins forte d'engrais accumulés. L'étude des terres arables dans le laboratoire peut sans doute porter sur l'évaluation de ces réserves ; mais, prise dans le sens le plus général et le plus abstrait, elle est, dans une grande mesure, indépendante de la recherche des composés binaires, ternaires et quarternaires (oxygène, hydrogène, carbone et azote), qui forment la masse des végétaux. On ne saurait trop le répéter, le sol doit fournir l'habitation des plantes, habitation sûre et commode, la conservation suffisante des aliments organiques fournis par l'atmosphère, par les eaux et par les engrais apportés, enfin les éléments fixes qui entrent d'une manière constante dans le squelette des végétaux, et principalement dans les graines, qui doivent les reproduire et qui les résument en quelque sorte.

En partant de cette base solide et incontestable, il importe donc de reconnaître ces éléments fixes et de déterminer non-seulement leur présence, mais leur dosage et leur dissémination dans les sols arables. A croire

certains chimistes, ils seraient en nombre très-considérable, et, en effet, si l'on ne sait pas distinguer les sommets, et si l'on se laisse entraîner à la suite de certaines
idiosyncrasies, l'exception étouffe la règle. La présence
de la soude, dans le salsola-soda, dans le tamaris ou
dans la betterave; celle du soufre, dans les crucifè-
res; de l'iode, dans le cresson alénois, etc., accroî-
tront indéfiniment la liste des éléments fixes qui constituent les plantes. Mais quand on résume ces études,
les sommets, ainsi que nous le disions tout à l'heure,
dominent toutes ces curiosités scientifiques, et on reconnaît que les seuls éléments fixes qui, par la généralité
et la constance de leur répartition dans les végétaux,
méritent le nom d'aliments des plantes, sont : *la potasse,
la chaux, la magnésie, le fer à divers degrés d'oxydation,
la silice et l'acide phosphorique.* C'est donc sur ces éléments binaires que doit porter principalement l'étude
chimique des sols arables. Cette étude, très-distincte de
la physiologie, ne préjuge pas le mode de combinaison
saline dans laquelle ces éléments se trouvent engagés
dans la plante. La cellule vivante est un laboratoire
merveilleux qui produit sans peine des combinaisons
organiques dont la reproduction dans le laboratoire est
un triomphe de la science, dont les plus illustres chimistes ne nous donnent que des exemples rares et ad-
mirables. L'étude des végétaux incinérés détruit toutes
ces combinaisons, et l'analyse immédiate la plus délicate
peut seule faire toucher au doigt ces composés organiques, acides, alcalins ou neutres, si variés et doués de
propriétés si diverses. Cette recherche comme cette dis-

cussion sortent du plan de ce Traité; l'agrologue est sa-
tisfait quand il a constaté la présence et la quantité des
éléments fixes, et quand il a reconnu que leur état de
dissémination et de combinaison dans le sol les met à
la disposition des végétaux. Son travail sera complet,
s'il y joint la connaissance des pouvoirs conservateurs
du terrain pour les aliments qui lui sont apportés par
les météores et la main de l'homme.

De cette discussion ressort le plan de l'étude chimique
des sols arables. Elle portera sur le dosage de la potasse,
de la chaux, de la magnésie, du fer, de l'acide silicique
et de l'acide phosphorique, et subsidiairement sur l'influence de la composition générale du sol, sur ses qualités
comme habitation de la plante et conservation de ses
aliments.

La première difficulté qui se pose devant l'analyste
est celle-ci : Quelle est la répartition dans le sol des
aliments fixes assimilables? Si cette répartition est parfaite, le premier échantillon venu suffira à l'étude d'un
champ, et l'importance de l'échantillon sera déterminée
uniquement par la nécessité d'obtenir des quantités pon-
dérables des éléments les plus rares. Si, au contraire, la
répartition est inégale, la recherche est vaine; en effet,
comment déterminer le nombre d'échantillons sur l'é-
tude desquels on pourrait asseoir une moyenne ration-
nelle? Et quand même on le pourrait, le temps manque-
rait nécessairement à l'étude. Sans doute il est des
terrains, qu'on pourrait appeler de *transition*, qui contiennent des mélanges en proportions inégales, suivant
la place, de diverses alluvions, et sur lesquels l'étude

limitée ne donnerait que des notions vagues et incomplètes. Ces sols de *transition* échappent à l'analyse comme ils échappent à toute classification ; mais ils sont signalés à l'observateur par l'inégalité même de leurs produits. Le champ a des parties bonnes, médiocres et mauvaises pour telle ou telle récolte. Si, au contraire, la production est uniforme, si la qualité d'une terre est reconnue et constatée dans un canton, il existe une forte présomption de la dissémination parfaite des aliments fixes nécessaires au développement des plantes cultivées ; cette qualité de sol peut être comprise dans le plan d'études de l'agronome. Ce raisonnement *a priori* est confirmé *a posteriori* par l'expérience. L'étude d'échantillons nombreux du même sol, faite à de grands intervalles, donne constamment à l'analyste des résultats identiques, ou tellement rapprochés qu'il ne peut pas se méprendre sur la nature et les qualités du terrain ; il en arrive à un degré de certitude tel qu'il reconnaît des échantillons donnés sous de faux intitulés et leur assigne leur véritable origine, sinon minutieusement, au moins dans les lignes maîtresses, celles qui guident les agriculteurs pratiques, et leur font assigner dans chaque canton un rang et une dénomination particulière aux terres douées des mêmes attributs.

La théorie agricole et la pratique du laboratoire se réunissent donc pour limiter en nombre et en poids l'étude des échantillons dans les bornes indispensables à un examen analytique complet.

Dans l'étude des qualités physiques du terrain, il a été établi que l'examen ne devait porter que sur le sol naturel, distraction faite de la partie pierreuse, qui pouvait, sans erreur appréciable, être regardée comme inerte, comme un corps plongé dans une masse liquide qui n'en altère pas les propriétés, mais qui tient une place dont il faut seulement tenir compte. Ce raisonnement s'applique *a fortiori* à l'étude des propriétés chimiques du sol. Toute la partie pierreuse est considérée comme inerte, et c'est sur ce qui reste après sa séparation que doit porter l'analyse. On se rappelle que nous avons opéré cette séparation sur un échantillon de 100 grammes par le passage répété au tamis métallique (à mailles carrées contenant dix fils par centimètre dans les deux sens), après des frictions douces continuées jusqu'à ce qu'il ne passe plus rien au tamis. La partie qui a passé au tamis et qui est de beaucoup la plus considérable, souvent toute la terre, jamais moins de 50 grammes, ordinairement de 80 à 95 grammes, est soigneusement brassée et mélangée, de façon à présenter une parfaite uniformité. On en a extrait 10 grammes pour achever l'analyse physique par la séparation de la partie impalpable. C'est sur ce qui reste que sont pris les échantillons pour l'analyse chimique. A cet effet, on fait passer la masse au tamis de soie et on porphyrise le résidu au mortier d'agate jusqu'à ce que tout ait passé. On brasse de nouveau avec soin, et on tient la terre ainsi pulvérisée dans l'étuve de Gay-Lussac, maintenue entre 70° et 80° centigrades. On arrive rapidement à régler le chauffage de manière à ne pas dépasser cette température. En tout cas, l'étuve doit, pour cette destination, être garnie d'eau ordinaire, afin que les enveloppes en cuivre

aient toujours une température inférieure à 100 degrés.

Il s'agit maintenant de déterminer les composants de
la terre. Ils n'ont pas tous la même importance. Pour le
dosage du fer, de la silice, de l'alumine et de la chaux,
dans la plupart des cas, un échantillon de 5 grammes
suffirait amplement. Mais la magnésie, la potasse et
l'acide phosphorique sont ordinairement en très-petite
quantité, sauf dans des sols exceptionnels. Il faut donc
que l'échantillon fournisse un poids appréciable de ces
trois substances ; et dans les sols siliceux, silico-argileux et granitiques, la chaux est parfois d'une rareté encore plus grande. Pour se faire une idée nette du poids
à adopter pour l'échantillon d'analyse, il faut recourir à
l'expérience, examiner les dosages obtenus et l'équivalent chimique qui a servi à les constater.

On reconnaît ainsi que le dosage moyen de l'acide
phosphorique attaquable est de 1 demi-millième du
poids de la terre et qu'il ne descend pas au-dessous
de 3 dix-millièmes et demi. Il est pesé à l'état de phosphate bibasique de magnésie dont l'équivalent est
$875 + 500 = 1375$. Le poids de 3 dix-millièmes et demi
d'acide phosphorique correspond donc à

$$\frac{3.5 \times 1375}{875} = 5.5.$$

On aura donc à peser 5 dix-millièmes et demi du
poids de la terre. Si on opère sur un échantillon de
20 grammes, la pesée la plus délicate sera de 11 *milligrammes*, quantité très-rigoureusement appréciable

avec une bonne balance de précision, qui doit indiquer
franchement le demi-milligramme. On opérera donc sur
20 grammes d'échantillon pour la détermination de
l'acide phosphorique attaquable ; et comme cette détermination est séparée du reste de l'analyse et demande
un échantillon à part, sa dimension est sans inconvénient.

Le dosage de la potasse attaquable se rapproche
beaucoup pour le poids moyen de celui de l'acide phosphorique ; mais comme la potasse se dose par le poids
du platine combiné dans le chloroplatinate de potasse,
et que le rapport des équivalents du platine et de la potasse est de plus de 2 à 1, un échantillon de 10 grammes
de la terre suffit parfaitement au dosage exact par pesée
de la potasse attaquable. Quant à la magnésie, elle est
habituellement plus abondante, et le même échantillon,
qui sert à doser la potasse, peut servir *a fortiori* à doser
tous les autres éléments, sauf l'acide phosphorique.

Mais la substance qui est parfois la plus rare, ainsi
que nous l'avons dit plus haut, est la chaux, et l'échantillon le plus volumineux n'en donne souvent que des
traces impondérables. Cette constatation sur un échantillon de 10 grammes suffit, en général, à l'agronome et
au praticien. Dans certains cas où les phénomènes de
la végétation décèlent, en dépit du laboratoire, la présence abondante de la chaux dans les produits du sol,
ce n'est pas la dimension des échantillons qui donnera
l'explication. Il faudra recourir soit à l'analyse de la
partie inattaquable, soit à celle des eaux adventices,
soit le plus souvent à l'examen attentif du sous-sol.

Les points essentiels fixés, nous entrons *de plano* dans la détermination de l'acide phosphorique, qui est incontestablement la plus importante et qui, on le verra par les faits, est à elle seule l'indice suffisant de la fertilité dans la plupart des cas, en sorte que la classification des terrains par ordre de richesse, ce qu'on pourrait appeler leur classification économique, coïncide avec la série ascendante de leur dosage en acide phosphorique attaquable.

§ II. — DOSAGE DE L'ACIDE PHOSPHORIQUE ATTAQUABLE.

La discussion des procédés employés pour le dosage de l'acide phosphorique demanderait à elle seule un gros volume. La plupart des méthodes recommandées par des analystes distingués ont été employées par l'auteur de ce Traité dans son laboratoire, non pas comme simple essai, mais pour des déterminations nombreuses. Elles peuvent rendre et rendent tous les jours des services quand il s'agit de doser des quantités notables d'acide phosphorique ; mais elles sont infidèles ou impuissantes pour la détermination de cet acide dans les terres arables. Seul le procédé qui emploie, comme réactif principal, le nitromolybdate d'ammoniaque donne, dans ce cas, des résultats rationnels et certains. Ce procédé a cela de particulier, qu'il devient inapplicable dès qu'il s'agit de déterminer un dosage considérable d'acide phosphorique, à cause de la masse énorme de réactif à employer. En effet, pour que le nitromolybdate d'ammoniaque sépare tout l'acide phosphorique dans une liqueur acide, il faut que le poids de l'acide molybdique engagé soit *quarante fois* plus fort que celui de l'acide phosphorique à précipiter. Au-dessus de cette proportion, le précipité n'est plus complet, et on voit les lavages avec le réactif déterminer un nouveau précipité dans le liquide de filtration. Ce réactif, en dehors de son importance dans l'analyse qualitative, ne peut donc être employé dans l'analyse quantitative que dans les cas où le dosage est très-faible, comme dans les sols arables ; même quand l'analyse indique des quantités importantes, comme cela se voit dans les sols volcaniques en particulier, qui contiennent quelquefois jusqu'à 6 millièmes de leurs poids en acide phosphorique, un échantillon de 20 grammes fournirait 12 centigrammes d'acide phosphorique, dont la précipitation complète exigerait une masse de nitromolybdate d'ammoniaque contenant 5 grammes d'acide molybdique engagé. Il faut, dans les terrains de cette nature, faire porter la détermination sur un échantillon de 10 grammes de terre au plus.

Préparation des réactifs.

1° *Nitromolybdate d'ammoniaque.* — On trouve, dans le commerce des produits chimiques, l'acide molybdique à peu près pur, préparé par le grillage du sulfure de molybdène, dont les ingénieurs des mines (M. Meissonier) ont trouvé des gisements importants en Corse, ce qui assure l'approvisionnement de ce métal. On prépare aussi l'acide molybdique par le traitement, en digestion prolongée, du sulfure de molybdène pulvérisé (avec l'aide d'un mélange de sable siliceux) dans de l'acide azotique. La masse reprise par l'ammoniaque donne par filtration un molybdate d'ammoniaque, dont l'évaporation et la calcination au rouge sombre laissent de l'acide molybdique à peu près pur. Soit qu'on prépare directement l'acide molybdique, soit qu'on l'achète, il faut le purifier entièrement, et surtout faire passer l'acide phosphorique qu'il retient toujours, à l'état tribasique, afin qu'il se sépare de lui-même dans le réactif.

A cet effet, on fait digérer l'acide molybdique pendant vingt-quatre heures au moins au bain-marie avec de l'acide azotique étendu. A la fin de la digestion, on pousse l'évaporation jusqu'à ce que la masse soit sèche et ne donne plus que des traces d'odeur nitrique. Si l'on agit sur 10 grammes d'acide molybdique, on le redissout dans 40 centimètres cubes d'ammoniaque caustique à 26°. On a préparé dans un grand verre à expérience 150 centimètres cubes d'un liquide contenant 80 centimètres cubes d'acide azotique à 40° et le reste en eau distillée. On verse la dissolution molybdique ammoniacale, filtrée au besoin, dans la liqueur azotique, peu à peu, et en agitant constamment avec une baguette en verre. Le réactif est préparé et pourra servir après qu'une digestion de huit jours environ en aura séparé tout l'acide phosphorique que contient le minerai à l'état de phosphomolybdate d'ammoniaque.

On voit que 20 centimètres cubes de ce liquide contiennent, très-approximativement, 1 gramme d'acide molybdique. On peut, du reste, pour plus de rigueur,

compléter les 200 centimètres cubes en ajoutant 10 centimètres cubes d'eau distillée à l'ammoniaque caustique
qui est employée à la dissolution de l'acide molybdique.
20 centimètres cubes de ce liquide suffisent donc à la
précipitation complète de 25 milligrammes d'acide
phosphorique. Dans les terres ordinaires, le réactif préparé avec 10 grammes d'acide molybdique suffira donc
à dix analyses.

2° *Solution magnésienne chlorhydrique ammoniacale.*
—Le point principal de la recherche de l'acide phosphorique en quantité minime est la certitude absolue de
l'absence de cet acide dans tous les corps employés pendant l'opération. L'acide azotique et l'acide chlorhydrique distillés n'en peuvent pas contenir; mais tous les
sels à base fixe peuvent en retenir et en retiennent ordinairement : les sels de potasse en quantité importante,
les sels de magnésie et de soude en moindre proportion,
mais en proportion toujours sensible. Comme l'acide
phosphorique doit toujours être dosé, en fin d'analyse, à
l'état de phosphate bibasique de magnésie, il faut que
le réactif qui fournira la magnésie ait rejeté automati-
quement l'acide phosphorique. C'est ce qui a conduit les
analystes à engager le sulfate de magnésie dans une
solution complexe contenant 10 grammes de sulfate de
magnésie, 10 grammes de chlorhydrate d'ammoniaque,
dissous dans 40 centimètres cubes d'ammoniaque caustique à 26°, allongés de 80 centimètres cubes d'eau distillée. On obtient ainsi 133 centimètres cubes d'un liquide
qui contient à peu près exactement 1 gr. 60 de magnésie, et pouvant précipiter par conséquent 2 gr. 80 d'a-

cide phosphorique. 5 centimètres cubes de ce liquide suffisent donc à précipiter 1 décigramme d'acide phosphorique, c'est-à-dire une quantité très-supérieure à celle que contient d'ordinaire l'échantillon de 20 grammes d'une terre arable. Il est essentiel de restreindre autant que possible l'affusion du réactif, parce que le phosphate ammoniaco-magnésien qu'on obtient est d'autant plus insoluble que la liqueur ammoniacale dans laquelle il est précipité contient, sous le moindre volume, la moindre quantité de chlorhydrate d'ammoniaque. Ce réactif, comme le précédent, doit être préparé huit jours à l'avance au moins, afin que l'acide phosphorique contenu dans le sulfate de magnésie soit séparé autant que le permet la nature du liquide. En tout cas, l'emploi de 5 centimètres cubes du liquide clair ne peut pas ajouter à l'opération plus de 2 dixièmes de milligramme d'acide phosphorique, et comme les lavages nécessaires entraînent, en raison de la solubilité du phosphate ammoniaco-magnésien dans les liquides employés, environ 2 milligrammes d'acide phosphorique, il faudra au contraire ajouter au dosage, en fin d'analyse, quand il y aura un dosage pondérable, la quantité de 1 milligr. 8. Cette discussion est recommandée à l'attention des analystes.

Exécution du dosage.

Muni de ces deux réactifs, l'analyste prend, dans l'étuve à 80° centigrades, la terre finement pulvérisée et pèse, à la balance de précision, un échantillon de 20 grammes s'il s'agit d'un diluvium ou d'une alluvion ordinaire, de 10 grammes s'il a affaire à un sol volcanique. Cet échantillon, placé dans une capsule ronde en porcelaine de Sèvres cuite à grand feu, est imbibé fortement d'acide azotique et placé sur le bain de sable. Quand il n'émet plus de vapeurs azotiques, il est calciné à la lampe à feu nu. Cette opération indispensable a pour but, à la fois, d'oxyder les matières organiques et de les détruire sans risquer d'amener la réduction de l'acide phosphorique. Dans les analyses organiques on fixe le phosphore en projetant la matière, par petites parties, dans un creuset chauffé au rouge, après l'avoir mélangée avec un flux oxydant composé principalement d'azotate de potasse. Cette méthode doit être rejetée dans l'analyse des terres, car l'azotate de potasse contient habituellement plus d'acide phosphorique que la terre elle-même. L'acide azotique distillé n'en contient jamais et suffit au maintien de la totalité de l'acide phosphorique de l'échantillon. Le produit de la calcination est détaché de la capsule, pulvérisé et calciné de nouveau à grand feu dans un creuset de platine. La capsule en porcelaine de Sèvres est elle-même chauffée, à la lampe à double courant, pour calciner, autant que possible, les petits restes de sels de fer qui enduisent ses parois et n'ont pu être recueillis, malgré le soin apporté à l'opération. Le but de cette seconde calcination est de rendre inattaquable par les acides dilués l'oxyde de fer contenu dans l'échantillon ; la même opération exclut également la silice des filtrations acides qui recueilleront les phosphates. Or il est indispensable, pour la sûreté de la détermination, d'être débarrassé des matières organiques, de la silice et du fer. Il reste toujours une partie de cette dernière substance; c'est celle-là même qui est engagée avec l'acide phosphorique à l'état de phosphate; mais, dans cette proportion réduite, le fer n'est plus un inconvénient sérieux. En tout cas, c'est un inconvénient inévitable. Le contenu du creuset est reversé dans la capsule, et la masse est mise en digestion à froid avec de l'acide azotique étendu mis en quantité suffisante pour que le mélange brassé avec soin ait une réaction franchement acide.

Au bout de 24 heures on filtre, après avoir eu soin de laver le filtre avec l'acide azotique dilué, afin qu'il n'apporte pas lui-même de l'acide phosphorique à l'expérience. On lave minutieusement sur filtre à l'eau distillée froide, et le liquide recueilli est mis en évaporation dans une capsule au bain-marie. Cette évaporation est et doit être longue, car il s'agit non-seulement de cohober le liquide et de le réduire à un volume de 20 centimètres cubes environ, mais encore de ramener l'acide phosphorique à l'état tribasique que la calcination lui aurait fait perdre, si toutefois il existait à cet état dans le sol. Il faut donc, au besoin, ajouter de l'acide azotique dilué, de manière à ce que la durée de l'évaporation soit au moins de 24 heures.

La concentration de la solution nitrique au bain-marie présente, dans le cas où le sol contient une proportion notable de carbonate de chaux, une circonstance particulière. La silice séparée dans la calcination par la chaux et qui a passé à travers le filtre se prend en gelée, et

devient immobile au fond de la capsule. Il faut alors dé-
layer cette gelée avec de l'eau distillée légèrement acidulée par l'acide azotique et filtrer en lavant avec soin.
La silice reste sur le filtre. Le liquide de filtration est de
nouveau concentré au bain-marie, et cette seconde concentration est une garantie de plus de la transformation
de l'acide phosphorique en l'état tribasique.

Le liquide, réduit à vingt centimètres cubes, est reçu
dans un verre à expérience, et allongé de 20 centimètres cubes de nitromolybdate d'ammoniaque. Le mélange
jaunit rapidement, et bientôt il se précipite, au fond du
verre et sur les parois, une poudre jaune qui est du phospho-molybdate d'ammoniaque. Avec un peu de pratique
on reconnaît immédiatement l'importance du précipité,
et s'il paraît plus abondant que dans la moyenne des
analyses, il est prudent d'ajouter encore dix centimètres
cubes de nitromolybdate d'ammoniaque, afin de s'assurer des résultats complets. On laisse le mélange en digestion 24 heures, en agitant avec précaution de temps
en temps avec une baguette et évitant, autant que possible, les frictions sur les parois. Au bout de ce temps,
on reçoit le précipité sur un petit filtre lavé d'avance
avec le réactif, et, la filtration achevée, on lave avec
le nitromolybdate d'ammoniaque. C'est ce lavage qui
signale d'une manière certaine le complet de la séparation ; en effet, si l'affusion du réactif a été insuffisante pour la proportion d'acide phosphorique contenue dans la terre, les eaux de lavage, en tombant dans
le liquide de filtration, y déterminent, au bout de quelques heures, un nouveau précipité qu'il faut recueillir à

part pour le joindre à celui qui est sur filtre, si mieux on n'aime recommencer l'opération sur un échantillon de terre moins volumineux. Mais cette difficulté cesse bientôt d'en être une pour l'analyste exercé, qui reconnaît, ainsi qu'on l'a dit plus haut, à l'abondance du précipité dans le verre à expérience, l'inutilité ou la convenance de l'augmentation d'emploi du réactif.

On fait repasser le phospho-molybdate d'ammoniaque lavé, à travers le filtre, au moyen de l'ammoniaque caustique étendue de trois fois un volume d'eau distillée, et on reçoit la filtration dans le même verre à expérience qui a servi à la précipitation et qui garde toujours sur ses parois, malgré le lavage, des parcelles du précipité. Il arrive que le précipité retient une petite quantité de fer provenant justement de celui qui est engagé à l'état de phosphate et qui a été redissous, après calcination de la terre, par l'attaque à froid de l'acide azotique dilué. Quelques analystes le séparent sur filtre par un lavage d'acide citrique. Si l'on a suivi exactement la marche que nous indiquons, on pourra se contenter de faire repasser la solution ammoniacale à travers le filtre avant de laver le filtre avec l'ammoniaque diluée ; la minime quantité de fer qu'il peut contenir restera entièrement sur le filtre.

On versera alors, dans la solution ammoniacale, le réactif n° 2 au sulfate de magnésie à la dose de 5 centimètres cubes. Il se manifestera bientôt un trouble, et, par la digestion, il se séparera du phosphate ammoniaco-magnésien. On filtrera, au bout de vingt-quatre heures, sur un petit filtre ; on lavera avec de l'ammo-

niaque caustique étendue de trois volumes d'eau distillée; 25 centimètres cubes bien employés suffisent
à ce lavage. Le phosphate ammoniaco - magnésien
desséché est recueilli, calciné dans un petit creuset, et
le poids du phosphate bibasique de magnésie multiplié
par 0.64 donne celui de l'acide phosphorique contenu
dans l'échantillon. Seulement, il faudra, pour avoir un
dosage complet, ajouter à ce poids 0 gr. 0018 pour pertes
occasionnées par la solubilité du phosphate ammoniaco-
magnésien dans le liquide de précipitation et dans le
liquide de lavage.

Voici le tableau de quelques résultats donnés par
l'application de cette méthode. Nous l'avons rangé par
ordre d'abondance, pour 100 grammes de terre :

1. Nicolosi, route de Catane à l'Etna, vigne Gemellara......   0.620
2. Pont-du-Château, Limagne d'Auvergne, basaltique......   0.446
3. Lacryma-Christi, Vésuve, descente de Renna...........   0.358
4. Pæstum (Possidonia), provinces napolitaines...........   0.316
5. Arena (Corse).................................   0.219
6. Étang, jardins potagers (Orange)....................   0.165
7. Saint-Contest, près Caen (Calvados)..................   0.120
8. Voreppe (Isère), envoi de M. Durand................   0.134
9. Roville (Meurthe), bas de la côte, fertile.............   0.134
10. Roville (Meurthe), vallée.........................   0.102
11. Syracuse, vignes Paëse-Nuovo.....................   0.094
12. Roville (Meurthe), vallée près de la côte.............   0.087
13. Roville, terrain dolomitique.......................   0.087
14. Ajaccio, pépinières départementales.................   0.095?
15. Launac, vigne de M. Marès (Hérault)................   0.063
16. Roville, terre de la côte...........................   0.057
17. Althen-les-Paluds (Vaucluse), terre calcaire. 0.054
18. Sables de la Hart (Alsace).......................   0.053
19. Terre de Laboryte (Paulhaguet), terre de gneiss........   0.051
20. Annonay, Gondras, sables granitiques................   0.037

Nous pourrions étendre ce tableau ; mais tel qu'il est,
il suffit à un double but. Il montre d'abord que l'acide
phosphorique, comme on pouvait le présumer par les
cultures, se retrouve dans tous les terrains et dans
toutes les roches dont les débris ont servi à les constituer ; les granites, les gniess, les calcaires, les dolo-
mies en contiennent sans exception. Les sols volcaniques en présentent une proportion énorme ; les terres
d'alluvion ou les sols lavés périodiquement par les eaux
sont au contraire assez pauvres. Les sols intermédiaires
comme richesse sont ceux qui sont soustraits à l'action
des courants, ou qui reçoivent et évaporent les eaux en
raison de leur nature et de leur position (marais ou
étangs). Le sol le plus pauvre du tableau, sous le n° 20,
est en effet une terre stérile, et cependant il contient
encore, à raison de 400 k. de terre par mètre carré,
148 gr. d'acide phosphorique attaquable par mètre,
ou 1480 k. par hectare. La vigne de M. Gemellara à
Nicolosi, sous le n° 1, ne contient pas moins de 24,800 kilogrammes d'acide phosphorique attaquable par hectare. L'écart est donc de 1 à 20. Peut-on dire qu'il soit
indifférent à l'agriculteur de savoir à quel degré se trouvent ses terres sur une échelle si étendue ?

Le second point de vue est celui-ci : la parfaite dissémination de l'acide phosphorique dans la terre arable
tout entière, et par conséquent, la sûreté des conclusions à tirer de l'analyse. En effet, non-seulement les
résultats obtenus peuvent se classer par nature de formation, mais encore, si l'on prend au hasard un nombre
considérable d'échantillons, sans se limiter à la même

terre, mais en restant dans les terrains de même formation, tous les dosages se confirment l'un l'autre. Dans les terrains calcaires du midi de la France le dosage varie de 0.045 à 0.055, sans sortir de ces limites. Les terrains de gneiss de l'Auvergne présentent exactement la même proportion. L'inégalité des terres de Roville tient à la différence de formation, et la plus fertile a le plus fort dosage, comme les plus stériles ont le plus faible.

Ces remarques suffisent à présent ; elles seront développées quand on traitera de la classification.

§ III. — DOSAGE DE LA POTASSE.

Comme le dosage de la potasse entraîne celui de tous les autres éléments minéraux qui constituent le sol arable, il faut, pour éviter toute confusion, établir une notation qui permette de reconnaître sur-le-champ les différentes transformations de ces éléments. On va donc poursuivre le dosage de la potasse attaquable, en notant par les lettres majuscules de l'alphabet tous les précipités recueillis, et par les lettres minuscules grecques tous les liquides réservés. On reprendra plus tard ces précipités et ces liquides en traitant de chaque élément.

L'analyse des produits végétaux nous montre la présence de la potasse assimilable dans tous les sols arables. L'analyse des terres confirme cette donnée expérimentale ; mais la quantité mise à la disposition des végétaux est bien variable suivant les terrains, et cette variation explique, au même degré que celle de l'acide phosphorique, la pauvreté originelle ou l'apauvrissement par la culture même de beaucoup de champs. Cet apauvrissement n'a pas de gravité dans les sols dont la composition minérale permet la reconstitution du capital disponible. Le repos, aidé de cultures intelligentes, rétablit rapidement la fertilité sous ce rapport. En effet, il est acquis à la science que les silicates alcalins, inattaquables en apparence dans le laboratoire par les voies acides, se décomposent peu à peu sous l'action du temps et des météores. Ainsi on admet généralement que les argiles sont le résultat de la décomposition des granites, et on peut vérifier journellement ce fait que les eaux de pluie qui traversent les sols granitiques sont chargées d'une faible proportion de potasse et de silice à l'état naissant qui ne peuvent provenir que de l'altération des silicates du feldspath et du mica. Quand donc on se propose de déterminer la richesse d'un sol en potasse, il faut distinguer la richesse disponible et la richesse en réserve. Ces deux déterminations sont distinctes et feront l'objet de deux opérations dans l'analyse.

1° *Dosage de la potasse attaquable.* — Les analystes ont usé jusqu'à présent d'une grande latitude dans l'interprétation du mot *attaquable,* et cette latitude est justement la principale raison qui a empêché de fonder l'agrologie sur des bases solides. En effet, si un chimiste attaque la terre par l'acide acétique, un autre par l'acide chlorhydrique étendu, un autre par l'acide concentré, un quatrième par l'eau régale, un cinquième enfin par l'un de ces moyens après une torréfaction de la terre, évidemment les résultats ne seront pas comparables, et les agriculteurs ne manqueront pas de proclamer la vanité de recherches dans lesquelles des savants consciencieux et estimés ne peuvent pas se mettre d'accord. Mais il ne faut pas seulement établir l'accord entre les laboratoires qui s'occupent de recherches agrologiques, il faut encore qu'un seul analyste soit toujours d'accord avec lui-même, c'est-à-dire que l'analyse d'une terre, répétée dans son laboratoire, lui donne toujours des résultats identiques. Il faut pour cela que les attaques soient identiques. Elles doivent par conséquent être soustraites entièrement à la fantaisie et satisfaire à un *critérium* invariable. Ce critérium est la réduction de tout le fer contenu dans l'échantillon soumis à l'analyse (qui n'est pas sous forme de silicate attaquable ou d'oxyde calciné), à l'état de deutochlorure, en sorte que le résidu de l'attaque acide soumis à la calcination devienne parfaitement blanc, ou ne conserve que cette légère teinte grisâtre qui est due à la difficulté de faire disparaître les dernières traces de matières charbonneuses. On atteint ce résultat *sûrement* et *seulement* par l'emploi dans l'attaque de l'eau régale avec excès d'acide chlorhydrique et à chaud.

Voici comment on procède. On sort de l'étuve à 80° la masse pulvérisée réservée, et on pèse à la balance de précision un échantillon de dix grammes qu'on place dans une capsule de porcelaine de Bayeux, de 11 à 13 centimètres de diamètre. On imbibe la terre avec un peu d'eau distillée, et on y verse peu à peu de l'acide chlorhydrique pur étendu de quatre volumes d'eau distillée, tant qu'il y a effervescence. Dès que le déga-

gement de gaz est arrêté, on verse dans la capsule un
mélange de 10 centimètres cubes d'acide azotique distillé et de 30 centimètres cubes d'acide chlorhydrique
distillé. On nettoye avec soin les parois de la capsule, et
on la met en digestion au bain-marie, à la température
de l'ébullition de l'eau, jusqu'à ce que la masse soit
sèche. Cette attaque est longue, mais elle n'empêche pas
d'autres préparations dans le laboratoire, puisqu'elle
n'exige aucune surveillance. Quand la masse est sèche,
on l'humecte avec un peu d'acide chlorhydrique étendu,
et, après une demi-heure de digestion, on retire du bain-
marie, et on remplit la capsule par une affusion d'eau
distillée froide en une seule fois. On délaye avec une
baguette et toute la partie attaquable de la terre se
trouve en dissolution dans le mélange.

On prépare alors un filtre (A) en papier à filtre ordinaire blanc doublé de papier Berzélius; on le lave sur
l'entonnoir avec de l'eau acidulée avec de l'acide chlorhydrique; puis on filtre le contenu de la capsule et on
reçoit le liquide dans une fiole (α) d'une contenance d'un
demi-litre environ; on lave sur filtre à l'eau bouillante
et méthodiquement, en ne recommençant jamais un
lavage avant l'écoulement complet du précédent, et on
continue tant que le liquide filtré présente au papier
réactif une réaction acide. A ce point, on détache le filtre
et on le met à sécher, après l'avoir déployé, arrêté sur
le séchoir et recouvert d'un entonnoir en papier-filtre.

On reprend alors la fiole (α) et on sature l'acide avec
de l'ammoniaque caustique parfaitement pure; on arrête
l'addition d'ammoniaque dès que la fiole agitée donne

par l'essai une réaction franchement alcaline. Il se produit un précipité complexe, formé presque en entier de sesquioxyde de fer et d'alumine, mais contenant aussi l'acide phosphorique de l'échantillon engagé, suivant toute apparence, à l'état de phosphate de fer et d'alumine, puisque le précipité des sesquioxydes précède celui des protoxydes et n'attend pas pour se former la neutralité du liquide ; mais pouvant cependant, à la rigueur, si l'échantillon est très-calcaire, avoir entraîné des traces de chaux. La magnésie engagée dans des chlorures doubles ammoniacaux échappe à cette précipitation. Du reste, la formation des phosphates magnésiens est encore moins instantanée que celle du phosphate de chaux; et la magnésie, sauf dans les terrains dolomitiques, est toujours en très-petite quantité dans l'échantillon.

On reçoit le précipité de la fiole (α) sur un filtre, et on lave très-sommairement en recevant le liquide de filtration et de lavage dans une fiole (β) de la capacité d'un litre. On remet alors la fiole (α) sous l'entonnoir, et on fait repasser le précipité à travers filtre avec de l'acide chlorhydrique dilué. On précipite de nouveau le fer et l'alumine dans la fiole (α) par l'ammoniaque caustique, avec les mêmes précautions que la première fois; on prépare un nouveau filtre, lavé à l'eau distillée, et on reçoit le précipité alumino-ferrique sur ce filtre et le liquide dans la fiole (β), où il vient se joindre à celui recueilli dans la première filtration du premier précipité alumino-ferrique. On lave alors avec plus de soin sur filtre, et, après ce lavage, on met la fiole (β) de côté pour la suite de l'opération. Comme il ne faut pas attendre pour redissoudre le précipité alumino-ferrique, on replace alors la fiole (α) sous le filtre qui le contient, et on fait passer le contenu du filtre dans la fiole au moyen de l'acide chlorhydrique étendu et de lavages soigneux à l'eau distillée et à froid. Ces lavages terminés, on met de côté la fiole (α) pour la détermination des éléments qu'elle contient.

On reprend la fiole (β) qui contient la chaux, la magnésie, la potasse et la soude. L'attaque acide a montré par l'effervescence produite si la chaux est abondante ou non. Si elle est abondante, on la sépare dans le liquide ammoniacal par le sesquicarbonate d'ammoniaque, en ayant soin de maintenir l'ammoniaque caustique en excès dans le liquide pour éviter la formation de bicarbonate de chaux qui empêcherait une séparation complète. Si la chaux n'est pas abondante, on précipite par l'oxalate d'ammoniaque, ou mieux encore par l'acide oxalique pur, en tenant toujours un excès d'ammoniaque caustique. La faible solubilité de l'oxalate d'ammoniaque. fait préférer aux praticiens ce second moyen. Quel que soit celui qu'on adopte, quand le précipité est bien rassemblé et quand un essai prouve qu'il est complet, on prépare un filtre (B) doublé de papier Berzélius, on le lave à l'eau distillée, on recueille sur ce filtre le sel de chaux, et on reçoit le liquide dans une fiole (γ) d'un litre environ. On lave sur filtre à l'eau bouillante, et, après le lavage, on prend le filtre, on l'ouvre, on l'étend dans le séchoir en arrêtant les bords et on le couvre d'un entonnoir de papier-filtre.

On reprend alors la fiole (γ), qui ne contient plus que la potasse, la magnésie et la soude, noyées dans un liquide ammoniacal. On évapore à feu nu et de préférence à la lampe à alcool dans une grande capsule de Bayeux. Quand l'évaporation approche de son terme, on éteint la lampe, on verse le contenu de la grande capsule dans une capsule de 11 centimètres de diamètre. On lave avec soin la grande capsule avec un liquide composé d'eau distillée aiguisée de 2 à 3 grammes d'acide sulfurique pur, en versant chaque lavage dans la petite capsule, et on continue l'évaporation complète dans celle-ci au bain de sable, jusqu'à la dessiccation complète et immobile, à la température de 300° centigrades. On retire alors la capsule du bain de sable, et, dès l'instant où elle est assez refroidie pour pouvoir être maniée, on recueille avec un soin minutieux tout son contenu, qu'on place dans un grand creuset en platine, qu'on chauffe à la lampe à alcool à feu nu et à découvert tant qu'il se dégage des vapeurs. On le recouvre d'une feuille de platine dès que le dégagement a cessé, et on continue à chauffer tant qu'en soulevant la feuille de platine on aperçoit ou on sent des vapeurs sulfuriques. La nature du chauffage n'est pas indifférente; il est acquis à la science que les chauffages au gaz et même à la lampe à alcool à double courant décomposent les sulfates et peuvent amener des pertes. En suivant la marche indiquée, on pourra vérifier l'intégrité de la manipulation

Cette calcination terminée, on sépare le contenu d' creuset à l'eau bouillante, et on le reçoit dans une c sule de Bayeux de 11 centimètres (cette dimensio:

la plus usuelle.) Cette capsule ne devrait contenir que les trois sulfates de soude, de potasse et de magnésie à l'état de solution neutre. Cependant on y trouvera toujours un résidu pulvérulent insoluble dont l'importance va quelquefois jusqu'à 10 milligrammes, et composé, pour la presque totalité, de silice. On n'en sera pas surpris, si l'on considère que la dessiccation de l'attaque acide de la terre a été faite au bain-marie, et que, dans ces conditions, une faible partie de la silice persiste dans toutes les filtrations. C'est la calcination des sulfates qui l'arrête définitivement. En raison de cette circonstance, il faut, après avoir rapproché par l'évaporation le contenu de la capsule, filtrer à travers un petit filtre (C). On lave avec soin sur filtre, et le liquide ne contenant plus que les trois sulfates est recueilli dans une autre capsule de 11 centimètres. Le filtre (C) est disposé dans le séchoir comme les deux précédents. On fait chauffer la capsule qui contient le liquide à la lampe à alcool, de manière à l'amener au point d'ébullition, et on sépare l'acide sulfurique par l'eau de baryte parfaitement pure et surtout sans trace de nitrate. Il faut, pour cette opération, employer exclusivement la baryte provenant de la calcination au feu de forge du carbonate de baryte, ou tout au moins reprendre à grand feu, dans un fourneau à réverbère, la baryte caustique du commerce, qui est très-rarement dépouillée de tout l'acide azotique contenu dans les azotates de baryte qui servent à sa préparation. L'eau de baryte doit être ajoutée peu à peu ; à chaque nouvelle addition, après agitation avec une baguette, on retire la lampe, on laisse le précipité se rassembler, et on essaye

le liquide clair, afin de vérifier s'il n'est pas troublé par
une nouvelle addition d'eau de baryte. Dès que ce résultat est obtenu, on continue à chauffer à la lampe pour
rapprocher le liquide, et aussi pour carbonater le petit
excès de baryte ; on laisse refroidir, et au bout de quelques heures on filtre à froid sur un filtre (D). On reçoit
la filtration dans un verre cylindrique éprouvette ; on
lave soigneusement à froid sur filtre. On retire le produit de la filtration ; et comme le filtre (D) retient non-
seulement le sulfate de baryte provenant de l'acide sulfurique des trois sulfates, mais encore un peu de carbonate de baryte provenant de la baryte en excès, et la
magnésie qui est insoluble, on place une fiole (δ) sous
l'entonnoir et on lave le filtre (D) avec de l'acide chlorhydrique dilué. Après cette opération, le filtre (D) est
placé dans le séchoir, et la fiole (δ) est réservée pour la
suite des opérations.

On reprend alors le vase cylindrique éprouvette qui
contient la potasse, la soude et un peu de baryte, et on
achève la carbonatisation de la baryte en faisant passer
dans ce vase un courant continu d'acide carbonique
pur. Ce courant, produit par l'attaque du marbre blanc,
au moyen d'acide chlorhydrique très-dilué, doit passer
par une longue colonne horizontale remplie de fragments
de craie, afin d'éviter l'introduction de vapeurs chlorhy-
driques dans la liqueur. Souvent le courant d'acide
carbonique n'amène pas de trouble, à cause de la minime quantité de baryte persistante, qui passe immédiatement à l'état de bicarbonate soluble dans la masse.
Ordinairement il se produit un léger nuage blanchâtre,

qui se dissipe par la formation du bicarbonate soluble, ce qui démontre qu'on peut arrêter le courant. Enfin, quelquefois par suite d'un emploi exagéré de l'eau de baryte, il se forme un précipité abondant que le liquide ne saurait redissoudre en entier, qui se rassemble au fond de l'éprouvette, et on n'arrête le courant d'acide carbonique que lorsque le liquide qui surmonte ce dépôt est parfaitement éclairci.

On verse alors le contenu de l'éprouvette dans une capsule de Bayeux et on rapproche le liquide à la lampe à alcool, de manière à le réduire à un très-petit volume; on chasse ainsi entièrement tout l'excès d'acide carbonique; on filtre, on lave le filtre à l'eau bouillante; le carbonate de baryte reste sur filtre, et le liquide reçu dans une capsule de Bayeux de 11 centimètres, ne contient plus exactement que les carbonates de potasse et de soude. On verse alors un peu d'acide chlorhydrique dans la capsule, de manière à ce que la réaction soit franchement acide, et on fait évaporer entièrement le contenu de la capsule d'abord à la lampe à feu nu, puis au bain-marie pour terminer l'opération. Quand la capsule est desséchée, on reprend le résidu par quelques gouttes d'eau distillée et on ajoute dans la capsule du bichlorure de platine provenant du traitement de l'éponge de platine pur par l'eau régale avec excès d'acide chlorhydrique. Comme les terres arables contiennent jusqu'à 1 p. 100 de potasse, c'est-à-dire un décigramme sur un échantillon de 10 grammes (la quantité énorme de 40,000 kilog. par hectare), il convient, quand on n'est pas trop économe d'un réactif facile à préparer et facile à revivifier, d'ajouter

dans la capsule une quantité de bichlorure dosant 4 décigrammes de platine. Cependant, comme la plus grande
partie des terrains ne contient pas au delà de 3 centigrammes de potasse sur un échantillon de 10 grammes,
et que les quantités supérieures se trouvent dans des formations déterminées (notamment les terrains volcaniques, les terrains dolomitiques, les terrains granitiques,
les terrains de gneiss, quelques marnes, quelques argiles), on peut, en général, borner l'addition du réactif à
la quantité qui retient 1 décigramme de platine. Le
réactif versé, on évapore de nouveau au bain-marie à
siccité, puis on retire la capsule, et dès qu'elle est refroidie, on reprend la masse par de l'alcool rectifié contenant en volume un quart d'éther. Le précipité de chloroplatinate de potasse se forme presque instantanément et
on le recueille sur un petit filtre où il est lavé avec soin
avec l'alcool éthérisé. Le liquide de filtration est reçu
dans une petite fiole (ε) qu'on bouche et qu'on réserve
pour la suite des opérations.

Le filtre qui a reçu le chloroplatinate de potasse est
mis immédiatement à l'étuve, et la dessiccation est rapide.
On pulvérise dans un petit mortier d'agate une pincée
de bicarbonate de potasse, on recueille le chloroplatinate sur filtre et on le met dans le mortier; on le mélange
avec soin au bicarbonate de potasse au moyen du pilon,
et on place ce mélange dans un creuset de platine qu'on
chauffe au rouge cerise pendant une demi-heure à la
lampe à alcool. Le chloroplatinate est réduit; on sépare
les sels de potasse par des lavages et par décantation,
puis on dessèche le platine métallique; on le recueille

dans un verre de montre et on le pèse à la balance de précision. Ce poids, multiplié par le coefficient 0.48, donne celui de la potasse attaquable contenue dans l'échantillon.

Cette quantité est très-variable suivant les terrains. Voici des résultats obtenus par la méthode qui vient d'être décrite. On a borné la liste, déjà fort longue, à des terrains aussi différents que possible par leur situation et leur origine. Les analyses ont été naturellement très-multipliées dans les sols argilo-calcaires et calcaires du sud-est de la France et dans les terres d'alluvion proprement dites, qui forment une partie si importante de notre production agricole. Mais, comme les résultats sont dans ces terrains très-rapprochés les uns des autres, on s'est borné à quelques exemples, les cas particuliers n'ayant d'intérêt que pour le propriétaire du terrain. Toutes ces déterminations sont rapportées à 100 parties du sol, distraction faite du lot pierreux, c'est-à-dire de ce qui reste sur le tamis métallique à mailles carrées de 10 fils par centimètre.

	Carbonate de chaux.	Potasse.
	Pour 100.	
1. Vigne de Lacryma-Christi (Vésuve)..............	2.000	3.470
2. Terrain dolomitique de Roville, envoi de Mathieu de Dombasle.................................	14.000	0.975
3. Terrain de gneiss de Laboryte, Paulhaguet (Haute-Loire).....................................	0.200	0.693
4. Marne de Roville, envoi de Mathieu de Dombasle..	16.000	0.588
5. Nicolosi (Sicile), chemin de Catane à l'Etna, vigne Gemellara	10.000	0.574
6. Terrain salant, Camargue (château d'Avignon).....	31.000	0.405
7. Vélage (Vaucluse), diluvium moderne............	3.000	0.347
8. Bas de la côte, Roville, terre indiquée fertile par Mathieu de Dombasle................................	6.000	0.344

	Carbonate de chaux. Pour 100.	Potasse.
9. Corse, terre sablonneuse, Arena................	1.000	0.294
10. Syracuse (Sicile), Paese-Nuovo, terre à vignes.....	2.000	0.290
11. La Charnia, argile glaiseuse appelée Diot, Haute-Savoie, M. de Saussure.......................	38.000	0.290
12. Pont du Château (Puy-de-Dôme), limagne d'Auvergne.......................................	7.000	0.280
13. Argile d'Aigues (Vaucluse), dépôt récent.........	42.000	0.277
14. Castrogiovanni (Etna, Sicile), terre réputée fertile..	39.000	0.270
15. Bordelet, Saint-Just-d'Ardèche, alluvion, très-fertile.	12.000	0.269
16. Coucourdin, Serignan (Vaucluse), argile sous sol marneux....................................	47.000	0.260
17. Diot ou argile marneuse de Bellevue près de Genève.	28.000	0.254
18. Annouay, Gondras nord, sables granitiques maigres.	0.000	0.250
19. Chigny, près Morges (Suisse), terre à vignes......	5.000	0.246
20. Fontclaire, Serignan (Vaucluse), argile sous sol....	56.000	0.232
21. Lunel (Hérault), vigne de 40 ans, grand produit...	29.000	0.210
22. Launac, vigne aramon de M. Henri Marès, très-fertile...	1.500	0.201
23. Bordelet, alluvion d'Ardèche de l'année..........	17.000	0.190
24. Corse, Ajaccio, pépinières départementales........	0.500	0.186
25. Terre de la côte, vallée de Roville à la Moselle....	0.100	0.179
26. Prébois, Orange, marnes bleues...................	55.000	0.179
27. Vigne de M. Fabre de Montéberon (Montpellier)..	11.000	0.158
28. Alluvion du Rhône, Sauveterre (Gard)...........	28.000	0.152
29. Sable de la forêt de la Hart (Alsace).............	26.000	0.134
30. Saint-Contest, près Caen (Calvados), clos des petits Pommiers.................................	1.500	0.135
31. Argile marneuse de Changy-les-Bois (Louet), propriété de M. Mallac..........................	39.000	0.124
32. Fauxbourguette, Tarascon, argile marneuse.......	37.000	0.107
33. Le Breuil, Gravison (Bouches-du-Rhône), alluvion de Durance ancienne........................	44.000	0.099
34. Sylvaréal, embouchures du Rhône, sable calcaire...	27.000	0.086
35. Montreux (Suisse), coteau à châtaigners, diluvium..	0.150	0.086
36. Vauvert, costière (Gard), terre à vignes, M. Brunel, diluvium...............................	0.050	0.074
37. Limon de la Durance, récent....................	43.000	0.072
38. Argile plastique du grès vert, mourre rouge, Orange.	0.000	0.029
39. Voreppe (Isère), propriété de M. Durand, sablonneuse.	22.000	0.028
40. Rougetty, Pomeroll, Tarascon-sur-Rhône, Olivette..	30.000	0.007

Si l'on retranche de ce tableau le n° 1 et le n° 40, qui sont des exceptions comme richesse et comme pauvreté, sous le rapport de l'élément potassique, on voit que le dosage des sols arables en potasse varie de 1,000 à 30, soit de 10 grammes à 3 décigrammes par kilogramme de terrain, de 4 kilogrammes à 120 par mètre carré, et de 40 tonnes à une tonne et 2 dixièmes par hectare. On a rapproché le dosage approximatif du terrain en carbonate de chaux de celui de la potasse attaquable, afin de montrer la parfaite indépendance des deux éléments. On voit ainsi une argile pure (le n° 38) donner le dosage minimum en potasse $0^{gr}.029$ pour 100 grammes et un terrain qui contient 31 p. 100 de carbonate de chaux (le n° 6) donner $0^{gr}.405$. Les marnes bleues des Prébois contenant 55 p. 100 de carbonate de chaux et les terres argileuses de la côte de Roville, qui n'en contiennent pas, donnent exactement le même dosage $0^{gr}.179$ par 100 grammes. Cette indépendance est aussi complète vis-à-vis des autres éléments minéraux qui constituent le sol. Mais il est impossible de méconnaître, par la constance du dosage dans les alluvions de même date et de même origine, que les météores aqueux ont une influence prépondérante sur la richesse du sol en potasse. Quand un sol est très-pauvre, on peut affirmer que, soit avant sa formation, soit à l'époque actuelle, il a été dépouillé de la potasse attaquable par le passage des eaux ; et c'est justement là l'explication de la richesse des terrains volcaniques et des terrains métamorphiques, qui n'ont pas encore été dépouillés de leur dosage originel. Du reste, si la potasse est un aliment nécessaire des végétaux, son abondance ne suffit pas à expliquer la valeur d'un sol arable. Les plus beaux dosages se rencontrent indifféremment dans les terrains stériles et dans les terres fertiles, comme les plus faibles n'empêchent pas un sol d'être productif. C'est qu'il n'en est pas de la potasse comme de l'acide phosphorique. La restitution en quantité suffisante pour les cultures peut se faire par la main de l'homme sur les champs de toute nature. La solubilité des sels de potasse les met immédiatement à la disposition des végétaux. L'acide phosphorique, au contraire, forme dans le sol des sels insolubles, dont la répartition dans toute la masse est très-lente à opérer, et la présence seule du carbonate de chaux, en faible proportion, suffit pour entraver son application.

Voilà pourquoi le dosage naturel d'un terrain en acide phosphorique est un indice de fertilité d'une certaine valeur, tandis que le dosage en potasse ne signifie rien sous ce rapport, quoique ce soit un renseignement des plus précieux pour l'agriculteur.

On tend, en effet, dans notre temps, à développer l'emploi et par conséquent le commerce des engrais minéralisés. Or, il est indispensable pour le cultivateur de savoir s'il a besoin de ce qu'on lui propose. La consommation annuelle de potasse par l'enlèvement des récoltes, dans un terrain soumis à une culture riche, est, en moyenne, de 50 kilogrammes annuellement par hectare. Or, un sol qui donnerait à l'analyse, en potasse attaquable, dans l'épaisseur de la sole cultivée, cent fois cette quantité, c'est-à-dire la consommation de cent ans, sans tenir compte des restitutions par les engrais, serait évidemment au-dessus du besoin, et le propriétaire qui, dans de pareilles conditions, ferait une dépense de quelque importance pour enrichir ses engrais de sels de potasse, la ferait en pure perte. Or, il suffit du dosage de $0^{gr}.125$ sur 100 grammes pour satisfaire à cette condition. Ainsi dans le tableau que nous avons donné plus haut, tous les sels jusqu'au n° 31 n'ont pas besoin d'une addition de sels de potasse.

Mais cette économie n'est pas limitée à la considération du dosage de la potasse attaquable. Beaucoup de terrains, tout en semblant dépouillés (soit par des circonstances naturelles, soit par des cultures spéciales) des sels de potasse, en possèdent cependant des réserves considérables à l'état de silicates en apparence inattaquables par les acides dans le laboratoire, et qui cependant livrent graduellement la potasse aux végétaux sous l'action prolongée des forces naturelles et de la culture. Il en est ainsi de tous les terrains formés des débris des roches feldspathiques, granites, gneiss et argiles qui en dérivent. Du reste, comme, contrairement à certaines assertions, toutes les argiles ou les magmas impalpables qui en portent le nom sont loin d'avoir pour origine la décomposition des roches feldspathiques et qu'ainsi certaines d'entre elles sont entièrement dépourvues de potasse, il faut, quand il y a doute, recourir à l'analyse des silicates par l'acide fluorhydrique et constater leur richesse réelle en potasse. Pour ne pas obliger les lecteurs de ce Traité à recourir à d'autres livres, nous donnerons plus loin le procédé que nous employons pour le dosage de la potasse engagée dans le sol à l'état de silicate.

Enfin, une partie importante des sols les plus productifs, les terres d'alluvion submersibles, sont habituellement pauvres en potasse attaquable, mais sont maintenues dans un état constant par les apports des eaux qui les traversent. Toute dépense pour fournir de la potasse à ces terrains serait évidemment perdue.

En résumé, la minéralisation des engrais par les sels de potasse ne doit être pratiquée que pour des terrains contenant moins de 1 gramme et quart de potasse attaquable par kilogramme, dépourvus de réserves importantes de potasse inattaquable et soustraits à l'action des eaux. Quand ces trois indications sont satisfaites, un agriculteur intelligent se préoccupera de fournir le complément de potasse à ses cultures ; mais il devra agir avec une grande prudence et ne dépenser que pour recouvrer à très-courte échéance, en raison de la solubilité des sels de potasse et de la déperdition rapide qui en est la conséquence.

2° *Dosage de la potasse inattaquable.* — On prend le filtre (A) qui a reçu le résidu de l'attaque acide de la terre. On recueille ce résidu, on le porphyrise dans un mortier d'agate par très-petites parties jusqu'à ce qu'on ne sente plus de matière résistante sous le pilon ; on rassemble la matière dans une capsule de platine et on calcine à la lampe jusqu'à ce que la teinte blanchâtre ou blanc grisâtre soit uniforme ; il pourra même arriver que la calcination ait une teinte jaunâtre très-faible si la terre contient beaucoup de mica. On pèsera la

matière calcaire à la balance de précision et on notera
le poids. On prend ensuite 5 grammes de cette matière
qu'on place dans un creuset de platine et qu'on recouvre
d'eau distillée. Le creuset est recouvert d'une plaque
de platine percée de deux trous. L'un donne passage à
une spatule de platine, l'autre à un tube de platine servant d'allonge à une cornue en platine dans laquelle
on a introduit 15 grammes de spath fluor pulvérisé et
30 grammes d'acide sulfurique très-concentré, ou mieux
mêlé d'acide de Nordhausen. Tout l'appareil est placé
dans une cheminée de fort tirage. On chauffe la cornue
au bain de sable à une chaleur ménagée ; on arme ses
mains de gants de laboratoire. L'acide fluorhydrique se
dégage peu à peu et vient se dissoudre dans l'eau du
creuset. Il est essentiel que le tube de platine n'arrive
pas jusqu'à l'eau, car il pourrait s'obstruer par la forma-
·tion des hydrofluosilicates, ce qui amènerait des accidents. On agite constamment la matière siliceuse du creuset avec la spatule pendant toute la durée de l'opération,
jusqu'à ce qu'elle soit entièrement dissoute. Quand le
dégagement d'acide fluorhydrique a cessé, on arrête le
feu ; on laisse refroidir, puis on dégage la cornue qu'on
jette dans grande terrine pleine d'eau, et on transporte
la lampe sous le creuset. On chauffe doucement pour
chasser l'excès d'acide fluorhydrique et le fluorure de
silicium ; on verse de l'acide sulfurique sur le résidu.
Tous les oxydes sont changés en sulfates. Cette opération
est décrite à la page 736 du 1er volume du Traité de
Regnault.

L'analyse de ces sulfates est absolument pareille à

l'analyse générale qui fait l'objet de ce travail, et donne ainsi, non-seulement la détermination de la potasse comme on l'a vu précédemment, mais encore celle de tous les autres éléments qui composent la masse (A), excepté la silice qui s'est évaporée avec l'eau du creuset à l'état de fluorure de silicium, et qu'on peut très-exactement doser par différence ; car elle est très-abondante. En effet, les analystes ne doivent jamais perdre de vue que les substances abondantes sont les seules qu'il soit permis de doser par différence. Les substances rares doivent être recueillies, reconnues et pesées ; la moindre erreur dans les différences fausserait entièrement les résultats. Il n'est pas même permis de certifier des dosages obtenus par des incinérations de filtre et des appréciations de cendres. Les poids des cendres de filtres, même préparés avec soin, présentant des différences souvent supérieures au dosage réel de tel ou tel élément, l'adoption d'un poids moyen n'obvie que bien partiellement à cet inconvénient. Quand une substance ne peut pas être recueillie et pesée avec constatation de sa nature, on doit se contenter d'indiquer des traces. Il est bien entendu que l'opération ayant été faite sur 5 grammes seulement les résultats doivent être multipliés par $\frac{P}{5}$, P étant le poids constaté du résidu inattaquable calciné. Quoi qu'il en soit, on obtient par l'analyse que nous venons d'indiquer, entre autres dosages, celui de la potasse inattaquable à l'eau régale.

Citons quelques exemples pris dans notre journal de laboratoire. Sur 100 parties :

M. Meynard, Vélage Travaillans (Vaucluse), Diluvium :

Potasse attaquable........ 0.347
Potasse inattaquable...... 0.988

M. Forel, Chigny, Morges, Vaud (Suisse), Moraine :

Potasse attaquable........ 0.246
Potasse inattaquable...... 1.550

Diot, calcaire de Bellevue, près Genève (Suisse) :

Potasse attaquable........ 0.250
Potasse inattaquable...... 1.070

Annonay (Ardèche), Gondras nord, propriété Majory, sables granitiques :

Potasse attaquable........ 0.250
Potasse inattaquable...... 3.350

On voit, par ces exemples, qu'il n'y a pas de relation nécessaire entre le dosage de la partie attaquable et celui de la partie inattaquable. Un sol très-riche en potasse peut, par sa position, être dépouillé annuellement de la partie soluble, et réciproquement un sol dont la réserve est médiocre, mais qui, par sa compacité, sa constitution chimique et sa situation, se trouve à l'abri des pertes, peut offrir un dosage important de potasse attaquable, ce qui confirme les opérations présentées plus haut.

§ IV. — DOSAGE DE LA CHAUX.

On prend le filtre (B) qui a reçu le précipité de chaux. Si le précipité a été obtenu dans une liqueur chargée d'ammoniaque caustique par le carbonate d'ammonia-

que, c'est, on se le rappelle, parce que l'effervescence
dans l'attaque acide a dénoncé une proportion notable
de carbonate de chaux. Cependant il pourrait arriver
qu'on ait affaire à un sol contenant une forte proportion
de carbonate de magnésie, comme un terrain dolomitique. Un chimiste exercé ne s'y trompe pas ; l'effervescence de la dolomie sous l'action des acides est loin de
présenter la vivacité de celle du carbonate de chaux.
L'erreur serait fâcheuse, car il y a inconvénient à précipiter la chaux par le carbonate d'ammoniaque en présence d'une proportion considérable de magnésie. Malgré la précaution nécessaire d'engager fortement cette
magnésie dans un chlorure double ammoniacal, la
magnésie, à la longue, se dépose en partie à l'état d'hy-
drocarbonate. Il faut donc, dans les sols dolomitiques,
précipiter par l'oxalate d'ammoniaque. En supposant
toutes ces circonstances prévues par l'analyste, le dosage
du carbonate de chaux ne présente aucune difficulté ;
on le recueille avec soin, on le tient à l'étuve de Gay-
Lussac assez longtemps pour être certain qu'il est entièrement débarrassé du carbonate d'ammoniaque qu'il aurait pu retenir, et on pèse à la balance de précision.

Ce dosage est, du reste, sans autre intérêt que celui
de présenter fidèlement les éléments de la terre soumise à l'analyse, et de fournir une donnée importante
pour la classification physique du sol, puisque, ainsi
qu'on l'a vu, la proportion de carbonate de chaux classe
les terrains dans la division des terrains immobiles,
quand elle dépasse 30 p. 100, et dans celle des terrains
mobiles, quand elle est au-dessus de ce chiffre. Quant à

l'alimentation proprement dite, il est assez indifférent
pour les plantes cultivées qu'elles trouvent 2 p. 100 ou
80 p. 100 de carbonate de chaux; dans l'un et l'autre
cas, elles se procurent sans peine ce qui est nécessaire
à leur constitution.

Quand le filtre (B) a reçu de l'oxalate de chaux, c'est
que l'effervescence était faible ou nulle dans l'attaque
acide. Alors le dosage de la chaux prend un intérêt
considérable pour la nutrition végétale. En effet, la
chaux est un élément nécessaire de la plus grande partie des plantes cultivées, et notamment du blé et de la
vigne. Rien ne peut suppléer à son absence. On sait, par
une vaste expérience, que les amendements calcaires
ont seuls permis de convertir les terres à seigle en terres
à blé, et l'analyse des cendres de vigne nous montre la
chaux comme partie essentielle. Voici comment on procède à la détermination : on recueille avec soin l'oxalate, reçu sur le filtre (B), dans une petite capsule de
platine tarée avec soin ; on l'imbibe de quelques gouttes
d'acide sulfurique concentré et pur, et on évapore à la
lampe en poussant la température jusqu'au cerise clair.
On pèse ensuite la capsule, on a le poids du sulfate de
chaux en retranchant la tare de la capsule, et celui du
carbonate de chaux par un calcul d'équivalents.

Quand on ne trouve que des traces, et quand cependant les cultures puisent l'aliment calcaire indispensable
dans le sol, l'analyste a deux ressources d'investigation
auxquelles il doit recourir, car son obligation la plus
étroite est de ne jamais signaler un phénomène sans
avoir épuisé, pour l'expliquer, les moyens à sa portée.

Le premier est l'examen des eaux amenées ou souterraines qui traversent le terrain. L'évaporation d'un litre
suffit quelquefois pour expliquer le mystère. Ordinairement il faut procéder sur cinq litres au moins, et analyser le résidu. Le second moyen a été exposé plus haut,
c'est l'analyse fluorhydrique de la partie inattaquable
par l'eau régale. Nous ne connaissons pas d'exemple de
sol portant des végétaux contenant de la chaux qui ait
résisté à ces moyens de recherche. Toujours nous avons
trouvé l'explication du miracle dans les eaux, ou dans
le sol lui-même. Il est curieux de voir avec quelle faible
proportion de l'élément calcaire on entretient des cultures qui en font une grande consommation. Nous allons
en donner des exemples tirés de notre journal et pris
dans les terres à vigne. Nous rappelons que les cendres des sarments présentent, dans les sols les plus dépourvus de l'élément calcaire, 20 p. 100 de leur poids
en chaux caustique.

Toujours sur 100 parties.

	Carbonate de chaux.
Vigne à vin blanc de Montreux (Suisse)	0.157
Vigne de Lacryma-Christi (Vésuve)	2.106
Vigne de Syracuse (Sicile)	1.840
Vigne de Fauxbourguette (Tarascon), *morte*	41.480
Vigne de Rougetty (Tarascon), *morte*	32.410
Vigne de M. Fabre de Monteberon (Montpellier)	12.960
Vigne de Coucourdin (Orange), *morte*	36.960
Vigne de Laboryte (Paulhaguet)	0.151
Vigne de Chalandon (Annonay)	0.000
Vigne de grand produit (Lunel), *malade*	28.750
Vigne de grand produit (Lunel)	1.322
Vigne de M. Brunel (Vauvert)	0.055

6

	Carbonate de chaux.
Vigne de M. Baume (Saint-Gilles)	0.164
Vigne de M. Marès (Launac), grand produit	1.506
Vigne de Chigny, Morges (Suisse)	4.735
Vigne des Prébois (Orange), *morte*	55.190
Vigne de Chezy, Issoire (Puy-de-Dôme)	0.000

Ce tableau porte avec lui de grands enseignements pour les agriculteurs. L'invasion du puceron, dont on a fait tant de bruit, est liée absolument à une proportion très-considérable de l'élément calcaire, à cette proportion qui caractérise les terrains *immobiles*. En se rappelant ce que nous avons dit plus haut sur le mouvement de l'eau dans les terrains, en raison de leur constitution physique, on reste convaincu que l'invasion des pucerons a été amenée par l'état de souffrance de la vigne après une sècheresse, d'une durée sans exemple connu, qui avait supprimé toutes les sources, annulé l'humidité du sous-sol et arrêté entièrement le mouvement capillaire. Quoi qu'on en pense, il est consolant pour les propriétaires de vignobles placés dans les terres peu calcaires, qui forment heureusement la grande majorité, de penser que l'immunité la plus complète leur a été acquise dans les circonstances les plus défavorables, et au milieu d'une invasion désastreuse qui détruisait toutes les vignes placées dans des sols compactes et calcaires.

Le second enseignement est que les amendements calcaires sont nécessaires à l'entretien en bon produit des vignobles dépourvus de chaux. Dans le vignoble languedocien on supplée à cette rareté par des engrais abondants qui apportent aux ceps leur nourriture annuelle, exactement comme cela se pratique en Provence pour les oliviers bien tenus. Quand on fournit directement la chaux au pied des souches, il ne faut pas perdre de vue la nécessité de proportionner l'abondance des engrais pailleux à ces apports ; car la chaux hâte la décomposition des matières organiques, et, comme on le dit vulgairement, a bientôt desséché le terrain dont elle avait paru d'abord stimuler et enrichir la production.

§ V. — DOSAGE DE LA MAGNÉSIE.

La magnésie est aussi un élément essentiel de la végétation, et pour n'en citer qu'un exemple, le blé contient constamment de la magnésie en forte proportion. C'est donc une grande erreur de penser que la magnésie, en proportion notable, diminue la fertilité. La source de cette erreur est la maigreur relative des sols dolomitiques ; mais si l'on veut bien se rappeler que ces sols sont, de l'avis de beaucoup de géologues, des terrains métamorphiques ayant subi, plus ou moins, des altérations ignées, on ne sera pas surpris que les éléments qui les composent soient dans un état d'inertie peu propre à faciliter leur entrée dans le courant de la végétation.

Pour doser la magnésie, nous reprenons la fiole (δ), qui contient le liquide provenant du lavage par l'acide chlorhydrique du filtre qui avait reçu le précipité séparé par l'eau de baryte de la solution des trois sulfates de potasse, de soude et de magnésie. La solution chlorhydrique contient, outre la magnésie, un peu de la baryte qui a servi à la précipitation. On ajoute 1 gramme d'acide sulfurique et on réduit le liquide par l'évaporation; on laisse refroidir; on filtre sur un petit filtre double, on lave soigneusement à l'eau distillée froide, et le liquide, qui ne contient plus que la magnésie, est mis en évaporation, à feu nu d'abord, puis au bain de sable, dans une capsule de platine, enfin, quand il est desséché, à feu nu, tant qu'il se dégage des vapeurs acides. La capsule refroidie est pesée avec son contenu à la balance, puis repesée vide, et la différence de poids est du sulfate de magnésie anhydre dont le tiers exactement représente la magnésie. Si l'on a procédé avec mesure, à la lampe à alcool, en ne poussant pas la calcination trop loin, le dosage est exact. Cependant il est constant que la calcination du sulfate de magnésie entraîne presque toujours la décomposition partielle du sel. Cette décomposition est très-faible, et nous pouvons facilement en trouver une mesure dans l'analyse même. En effet, si on reprend le filtre (C) qui contient le résidu de la calcination des trois sulfates (après un feu bien plus vif et plus soutenu que celui qui a servi à la calcination du sulfate de magnésie seul), et si on recueille dans un verre de montre ce précipité après l'avoir calciné, on constate d'abord que son poids, quelquefois nul, dépasse rarement 5 milligrammes. Ainsi, à supposer qu'il fût composé de magnésie, cela n'influerait pas beaucoup sur le dosage de la magnésie; mais en outre, si on le reprend sur le verre de montre par l'acide chlorhydrique, à plusieurs reprises, et en

absorbant chaque fois le liquide avec du papier brouil-
lard, de manière à opérer un lavage complet, et si on
sèche de nouveau le contenu du verre au bain de sable,
on constate à la balance que le poids du précipité n'a
pas sensiblement diminué. C'est que ce précipité est
composé presque exclusivement de la silice qui a tra-
versé le filtre après l'attaque à l'eau régale, par la raison que la dessiccation du liquide d'attaque ayant été
opérée au bain-marie, l'addition de l'eau froide n'a pu
amener une fixation complète de la silice à l'état
naissant, qui traverse, comme on le sait, tous les
filtres.

On peut donc regarder comme exacts les dosages de
la magnésie par le procédé que l'on vient de décrire.
Du reste, pour les agronomes qui conserveraient des
doutes, nous pouvons ajouter qu'en raison de la répartition de la magnésie dans les terres arables, ce dosage
est loin de présenter l'intérêt des précédents. En voici
quelques exemples. Pour que ces exemples soient plus
concluants, nous jugeons convenable de mettre en regard la magnésie et la chaux. En effet, le dosage de la
chaux est la caractéristique d'un terrain, comme pourrait l'être par opposition celui de la silice, en donnant
à première vue, en quelque sorte, la clef de sa composition sommaire. Et, à ce sujet, on ne saurait trop re-
commander aux agrologues qui s'appliquent à la recherche de tel ou tel élément disséminé et qui publient leurs
recherches, de mettre toujours en regard le dosage de
la chaux, quand ils ne publient pas les analyses complè-
tes, ce qui est de beaucoup préférable, car une analogie

qui échappe à un observateur peut être saisie par un
autre.

Les résultats suivants sont toujours rapportés à 100
parties :

	Chaux.	Magnésie.
Vélage (Vaucluse), diluvium....................	1.813	0.444
Changy-les-Bois (Loiret), marne................	33.006	0.248
La Charnia (Savoie), argile glaciaire............	21.420	0.614
Chilau (Gers), bolbène	0.000	0.134
Saint-Contest (Calvados), diluvium..............	0.798	0.276
Sylvareal (Gard), arène de mer.................	15.412	0.423
Montpellier (Hérault), diluvium.................	1.420	0.467
Chigny (Suisse), moraine......................	15.557	1.415
Roville (Meurthe), côte argileuse...............	0.059	0.526
Roville (Meurthe), sol dolomitique	7.616	3.510
Roville (Meurthe), vallée fertile................	3.397	2.175
Roville (Meurthe), marne du village	9.078	0.341
Caderousse (Vaucluse), alluvion du Rhône........	12.594	0.557
Saint-Just (Ardèche), alluvion de l'Ardèche	6.787	0.906
Chalandon (Ardèche), sables granitiques..........	0.000	0.193
Paulhaguet (Haute-Loire), terrains de gneiss......	0.161	1.341
Pont-du-Château (Puy-de-Dôme), basaltique......	3.853	0.762
Lacryma-Christi (Vésuve), volcans modernes......	2.106	0.779
Althen (Vaucluse), lacustre....................	49.460	0.505
Camargue (Bouches-du-Rhône), terrain salant.....	17.500	0.281
Mourre rouge (Vaucluse), argile plastique........	0.185	0.155

Ces exemples, pris dans toutes les formations et ex-
traits de notre journal, prouvent d'abord qu'il n'y a
aucune relation entre le dosage de la chaux et celui de
la magnésie. En mettant de côté les terres de Roville,
qui sont parsemées de débris dolomitiques, les plus forts
dosages se trouvent indifféremment dans des sols siliceux et dans des sols calcaires. Les plus faibles sont
dans les bolbènes et dans les argiles plastiques du grès

vert. En écartant ces argiles qui ne sont pas des sols arables proprement dits, on peut affirmer que la magnésie attaquable est répandue en quantité assez uniforme et suffisante dans tous les sols arables, et que les agriculteurs n'ont pas à s'en préoccuper.

Quant à l'influence de la magnésie sur la fertilité, évidemment, si elle sert dans une certaine mesure, son abondance ne nuit pas; car les sols les plus fertiles du tableau en sont largement pourvus. Je citerai parmi ceux-ci, une terre de la vallée de Roville, près de la côte, une alluvion de l'Ardèche au Bordelet, et la terre de Pont-du-Château dans la Limagne d'Auvergne. Ces deux dernières sont renommées pour leur fécondité. Il ne paraît pas, par les analyses de végétaux, que la magnésie puisse être substituée à la chaux dans la végétation, pas plus que la soude à la potasse. La magnésie a son rôle spécial que la chaux ne saurait non plus remplir. Il est probable que la faculté de substitution est beaucoup moins étendue que les chimistes les plus accrédités ne l'avaient d'abord pensé.

§ VI. — DOSAGE DE LA SOUDE.

On prend la fiole (ε) qui contient le liquide alcoolique éthérisé, ayant servi au lavage du chloroplatinate de potasse. Cette fiole contient un excès de bichlorure de platine, du chloroplatinate de soude dissous, et peut-être des traces de chloroplatinate de baryte, si l'on suppose que des traces de baryte aient pu persister après sa séparation à l'état de carbonate. Mais, disons-le en

passant, nous avons toujours trouvé, en suivant rigoureusement la marche indiquée, la séparation complète.
Le premier soin est de séparer le platine à l'état de
chlorure double ammoniacal par l'addition d'une quantité suffisante de sel ammoniac distillé parfaitement pur.
(On le vérifie en mettant sur une plaque de platine brillante une pincée de sel ammoniac, avec une goutte d'acide sulfurique ; en exposant la plaque à la flamme d'une
lampe à alcool, le mélange doit s'évaporer entièrement
sans laisser aucun résidu ; cette épreuve vérifie aussi,
sous certains rapports, la pureté de l'acide sulfurique.)
On doit agiter de temps en temps la fiole pour amener la
dissolution du sel ammoniac dans le liquide, et au bout
de deux jours on peut regarder la précipitation du platine comme aussi complète qu'elle peut l'être par ce procédé. On verra tout à l'heure qu'elle ne l'est pas absolument, en sorte que pour le dosage rigoureux de quantités
infinitésimales d'ammoniaque on doit recourir au procédé donné par M. Péligot, et faire arriver l'ammoniaque
produite dans une liqueur acide titrée. Mais cette remarque de docimasie n'intéresse pas l'intégrité de la détermination de la soude. On filtre le contenu de la fiole (ε)
pour séparer le chlorure double ammoniacal. Le précipité recueilli peut servir à revivifier le platine par une
simple calcination. Quant au liquide, reçu dans une capsule de Bayeux, on l'évapore au bain-marie, puis on
transporte la capsule sur le bain de sable pour chasser
la plus grande partie du sel ammoniac excédant. On
reprend le résidu avec un peu d'eau distillée, aiguisée
de quelques gouttes d'acide sulfurique. On verse dans

une capsule de platine cette solution ainsi que le lavage de la capsule de Bayeux. On évapore de nouveau au bain de sable jusqu'à siccité, puis on transporte la capsule de platine sur la lampe à feu nu. La baryte, s'il y en a, reste à l'état de sulfate ; le platine (et il y en a toujours des traces) est revivifié, et la soude a passé à l'état de sulfate de soude. On reprend le résidu de la capsule à l'eau chaude ; on fait passer son contenu à travers un petit filtre bien lavé et on lave sur filtre avec soin. On reçoit d'abord la filtration dans une capsule de porcelaine, on rapproche ce liquide par l'évaporation ; on le fait passer dans une capsule de platine bien brillante et tarée ; on évapore au bain de sable, puis à la lampe à alcool au rouge cerise. On pèse la capsule à la balance de précision ; l'augmentation de poids donne le sulfate de soude anhydre, d'où l'on déduit la soude par un calcul d'équivalents.

Les analystes les plus distingués considèrent toute la soude qui est dans la terre comme étant à l'état de chlorure, et tous les chlorures qui sont dans la terre comme étant du chlorure de sodium ; en vertu de cette double hypothèse, ils se contentent de doser le chlore par les liqueurs titrées d'azotate d'argent et en déduisent la soude. Quand il s'agit de terrains salants, cette hypothèse est assez approximative, bien que ces terrains renferment une proportion très-notable de chlorure de potassium et de chlorure de magnésium, sans parler des iodures, et M. Peligot a pu tirer des conclusions très-justes d'analyses faites par cette méthode. Quand il s'agit de terres vierges de montagne, de diluvium ou

d'alluvion, l'hypothèse est très-aventurée. La soude
contenue à l'état de silicate dans les roches a pu entrer
dans des combinaisons bien différentes, et le procédé
direct que nous employons est le seul qui donne des
résultats rigoureux, s'appliquant aux dosages de soude
dans toutes les circonstances. Du reste, l'agrologue, sa-
chant le peu d'importance de la soude dans l'acte de la
végétation, ainsi que l'ont établi sans réplique les sa-
vantes recherches de M. Peligot, ne fait pas d'ordinaire
de cet alcali l'objet de ses recherches, et arrête son
analyse à la détermination de la potasse. Il ne fait quelques dosages de soude que dans un intérêt scientifique,
et c'est ainsi que l'auteur de ce Traité a été conduit lui-
même à quelques déterminations. Il va en extraire une
partie de son journal de laboratoire, en rapprochant le
dosage de la soude de celui de la potasse. Sur 100
parties :

	Potasse.	Soude.
Nicolosi (Etna), vigne Gemellara..................	0.574	0.142
Lacryma-Christi (Vésuve), descente de Renna......	3.470	0.625
Corse, terre de l'Arena.........................	0.294	0.123
Corse, pépinière départementale (Ajaccio)..........	0.186	0.132
Roville (Meurthe), marne du village..............	0.588	0.101
Roville, terre dolomitique.......................	0.975	0.119
Roville, côte Rochet...........................	0.544	0.114
Montpellier, Fabre, vigne n° 3	0.158	0.064
Silvareal (Gard), arène méditerranéenne..........	0.086	0.146
Chigny, Morges (Suisse).......................	0.120	0.025
Fabre, Montpellier, vigne n° 2.................	0.220	0.016
Terrain salant, Château d'Avignon, Camargue......	0.405	1.440

Dans ce dernier terrain la magnésie est 0.590, et le
chlore combiné 2.260. On voit sur-le-champ qu'une

détermination du chlore par l'azotate d'argent n'aurait
rien appris sur le dosage véritable des alcalis.

Ce qui frappe à première vue dans ces analyses, c'est
la prédominance de la potasse dans presque tous les terrains. Sans doute cette abondance relative a pour cause
principale l'origine même des terres arables formées de
débris de roches dans lesquelles les silicates à base de
potasse sont la règle, et ceux à base de soude, comme
dans l'albite, l'exception. Cependant un certain nombre
de ces terrains portent de temps immémorial des cultures qui consomment beaucoup de potasse et reçoivent
continuellement des engrais chargés de chlorure de sodium. Les vignes de Morges, en Suisse, et de M. Fabre,
à Montpellier, sont dans ce cas, et cependant on voit
justement, dans ces terrains, la soude réduite à la proportion la plus minime. Dans des circonstances analogues, il nous est arrivé de n'en trouver que des quantités impondérables, malgré la nature saline des eaux
souterraines qui traversaient les terrains. Si l'on rapproche ces observations des belles expériences de M. Péligot sur le dessalement des polders, on restera convaincu que, sauf des circonstances particulières de communication constante avec des sources salifères, les
terres arables ne conservent pas le sel marin, et retiennent la potasse, surtout par l'action moléculaire des
hydrates d'oxyde de fer et d'alumine.

Il ne faut pas trop se hâter cependant de proclamer
l'inutilité de la présence du sel marin dans le sol pour
la végétation. Sans doute, sans son influence, la germi-
nation est difficile, le germe perce difficilement la croûte

supérieure du sol, et la plante, au lieu de s'élancer, devient courte et trapue ; mais ces obstacles au développement normal herbacé ou ligneux semblent favoriser la grenaison. Les céréales, les luzernes, la vigne même (sous un rapport fâcheux, le développement du pépin), montrent la réalité de cette influence du sel dans les cultures. M. Peligot, en admettant cette réalité, l'attribue à la faculté des dissolutions salées de rendre solubles les phosphates, qui sont ainsi mis à la portée des plantes. On ne peut que se ranger à cette opinion, surtout si l'on remarque que ces heureux effets ne sont réellement constatés expérimentalement que dans les terres argilo-calcaires, c'est-à-dire dans celles qui ne présentent pas d'autre médium possible, pour la solubilité des phosphates, que l'eau salée. Ainsi la soude jouerait, dans la végétation, le rôle de dissolvant, rôle qui aurait bien son importance. Mais de là à employer le sel marin comme amendement, il reste un grand pas à franchir. Si, comme nous l'avons vu plus haut, les terres arables sont un véritable crible pour le sel marin, les dépenses de l'amendement sont presque toujours en pure perte, et la science ne peut pas conseiller une pareille pratique. Des intérêts industriels ligués ont pu essayer d'abuser l'opinion publique ; mais l'expérience, d'accord avec la science, rétablira la vérité et la fera passer, espérons-le, dans l'ordre économique et financier.

§ VII. — DOSAGE DE LA SILICE.

Les agronomes ont attaché pendant longtemps une grande importance au dosage de la silice qui pouvait se rencontrer dans le sol à un état moléculaire convenable pour se dissoudre dans les liquides qui imprègnent les terres cultivées ou dans les sucs propres des plantes sécrétés par les radicelles. Ils pensaient que la silice joue un rôle important dans la constitution des végétaux, en solidifiant les tiges et spécialement les nœuds des graminées, et l'épiderme de la plupart des plantes cultivées. En effet, la silice se retrouve en abondance dans ces organes; mais l'effet de sa présence, d'après de nouvelles recherches, paraît être fort différent de celui qu'on avait assigné *a priori;* la silice se dispose en quelque sorte comme un hors-d'œuvre éliminé de la cellule vivante par le travail de nutrition, en un mot, comme une véritable excrétion rejetée, tantôt dans les enveloppes, tantôt en dépôt longitudinaux extérieurs aux canaux conducteurs de la séve. La silice ne serait donc plus un aliment proprement dit, mais simplement un dissolvant absorbé par le courant de la circulation avec la substance combinée, et éliminé ensuite comme inutile.

Quoi qu'il en soit de cette nouvelle doctrine, dont le jugement appartient aux physiologistes, des expériences directes ont prouvé que l'influence de la silice sur la solidité des tiges de graminées n'était pas certaine; l'emploi du silicate de potasse dans des terrains où le blé était sujet à verser a amené un effet directement opposé à celui qu'on en attendait. Sans doute il ne faut pas précipiter les conclusions, et les expériences de cette nature ne présentent jamais des démonstrations sans réplique. La potasse a pu être un obstacle à la répartition normale de la silice dans la plante. Toutefois le dosage de ce qu'on appelle la silice propre à entrer dans la végétation a perdu beaucoup de son importance. C'est fort heureux, du reste, car jamais les opinions des chimistes n'ont été plus diverses que sur le mode à employer pour ce dosage. On ne veut pas rappeler ici les différentes méthodes proposées, d'autant mieux que s'il y a désaccord sur les méthodes, il y a accord sur les conclusions pratiques. Les chimistes agricoles pensent tous que le sol est toujours prêt à fournir aux plantes toute la silice qu'elles sont en état d'absorber. Si l'on réfléchit, en effet, que des sols calcaires, tels que les paluds d'Avignon, qui ne contiennent que 6 p. 100 de silicates en totalité, soumis aux cultures les plus variées, n'ont jamais donné le moindre symptôme d'un déficit dans l'élément siliceux, on sera sans inquiétude pour tous les autres sols arables qui contiennent en moyenne dix fois autant de silice nonseulement combinée, mais en partie libre et à cet état moléculaire qui lui permet de passer librement à travers les filtres, si on ne lui a pas fait subir une calcination préalable. Cette silice libre provient de la décomposition incessante des silicates contenus dans le sol, décomposition qui entretient sa richesse alimentaire, en ce qui concerne les éléments minéraux. La silice a donc un rôle de la plus haute importance dans le sol; elle em-

magasine la potasse, le fer et la magnésie, quelquefois même la chaux, et les restitue lentement de manière à réserver l'avenir sous ce rapport, quelles que
soient les imprudences du présent.

Il y a donc un intérêt sérieux pour l'agronome à connaître ces réserves. Nous avons déjà montré, en parlant du dosage de la potasse inattaquable, le procédé
le plus rationnel pour la déterminer. On élimine la silice
du résidu inattaquable au moyen de l'acide fluorhydrique; on chasse l'excès d'acide fluorhydrique par l'a-
cide sulfurique; puis on analyse le sulfate multiple de
fer, chaux, alumine, potasse, soude et magnésie par la
méthode générale qui ressort de ce Traité et que nous
rappelons sommairement. On sépare le fer et l'alumine
par l'ammoniaque caustique; la chaux (qui est ordinairement en assez minime proportion pour que le sulfate de chaux soit entièrement dissous), par l'oxalate
d'ammoniaque, en ayant soin d'ajouter un peu de sel
ammoniac dans le liquide pour prévenir la séparation
de la magnésie; enfin, la potasse, la soude et la magnésie par le procédé décrit plus haut. Dans cette analyse
on dose la silice par différence.

Quand on ne se propose pas de déterminer les alcalis,
c'est-à-dire quand la recherche porte spécialement sur
la chaux et la magnésie, ce qui arrive fréquemment,
lorsqu'il s'agit d'expliquer certains phénomènes de végétation, on peut se dispenser d'employer l'analyse fluorhydrique, qui n'est pas, du reste, sans inconvénient et
sans danger. On employe alors la méthode générale de
l'analyse des verres, qui a l'avantage de donner direc-

tement le dosage de la silice, et qui sert ainsi de contrôle au dosage par différence que fournit l'analyse fluorhydrique. Bien que cette analyse se trouve dans tous les traités de chimie, comme la manipulation présente, suivant les auteurs, des différences notables, on croit nécessaire de rapporter ici la pratique qui résulte d'innombrables analyses de silicates faites par l'auteur de ce petit Traité. Ces indications épargneront aux analystes bien des recherches et des tâtonnements.

On reprend le filtre (A); on recueille avec soin le résidu, inattaqué par l'eau régale qu'il a reçue : on le fait passer par petites parties au mortier d'agate où on le porphyrise avec soin, et on ramasse la matière porphyrisée dans une capsule en platine. On la calcine deux heures à la lampe à alcool; on pèse et on note le poids sous la rubrique, *partie inattaquable calcinée.* Si le poids dépasse notablement 5 grammes, on sépare un échantillon de 5 grammes; si le poids est inférieur à 5 grammes, on le prend en entier. Supposons un échantillon de 5 grammes; on pèse à la balance ordinaire 20 grammes de bicarbonate de soude pur et 10 grammes de bicarbonate de potasse. On les pulvérise ensemble dans un grand mortier de porphyre. On calcine le mélange dans une grande capsule de platine, de manière à chasser un équivalent d'acide carbonique. On reprend la masse alcaline par petites parties dans le mortier chauffé, et on la réduit en poudre impalpable. On mêle alors cette poudre avec celle des silicates sur une feuille de papier glacé, en ayant soin de brasser rapidement, pour opérer un mélange parfait et sans nuances, avant que

la déliquescence du carbonate de potasse ait pu con-
trarier l'opération ; il faut donc opérer à chaud et dans
une atmosphère aussi sèche que possible. On ne doit
pas, du reste, s'exagérer la difficulté de la manipulation ; la prépondérance du carbonate de soude marque
la déliquescence du carbonate de potasse. Quelques chimistes emploient le carbonate de soude seul; l'expérience nous a démontré que le flux était, dans ce cas,
bien moins fondant et exigeait une bien plus grande
chaleur.

Le mélange opéré est introduit dans un creuset de
platine de dimension telle qu'il en occupe au plus les
deux tiers, et le creuset couvert d'une plaque de platine
débordant est placé dans un berceau de fils de platine,
et surmonté d'un tuyau d'un diamètre double de celui
du creuset. On chauffe le creuset avec la lampe à alcool
à double courant, pendant trois quarts d'heure environ ;
on vérifie un peu avant la fin de la calcination, en soulevant le couvercle, l'état de fusion complète de la masse.
On arrête alors le feu et on laisse refroidir le creuset. Il
contient un culot de verre alcalin, qui se détache facilement des parois par une simple pression des doigts,
si le creuset est mince, ou par quelques petits chocs si
le creuset est épais. On fait tomber le culot dans une
capsule de Bayeux de 13 centimètres de diamètre contenant de l'eau distillée, et on le laisse dissoudre en
facilitant la dissolution de temps en temps avec un agitateur, et en plaçant la capsule sur un bain de sable à
une température très-modérée (80° centigrades environ). Quand le culot est entièrement dissous, on recou-

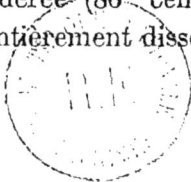

7

vre d'un entonnoir débordé par la capsule; on nettoie
le creuset avec de l'acide azotique étendu, qu'on reverse
dans la capsule par un petit entonnoir dont le bout est
introduit dans celui de l'entonnoir qui recouvre la capsule. Il se manifeste une vive effervescence par le dégagement de l'acide carbonique, et on ajoute ensuite
peu à peu de l'acide azotique pur jusqu'à ce que l'effervescence ait entièrement cessé. On enlève alors les deux
entonnoirs, on lave avec l'eau distillée celui qui recou-
vrait la capsule de manière à faire retomber le lavage
dans la capsule. On remue la masse liquide avec l'agitateur, et s'il y a encore dégagement de gaz, on ajoute de
l'acide azotique de manière à ce que la réaction soit
franchement acide. Il faut alors évaporer le liquide
avec les précautions les plus minutieuses pour ne pas
altérer les azotates et rendre les oxydes de fer difficilement attaquables par les acides. Dans ce but, on évapore d'abord au bain de sable, en ayant soin de ne pas
dépasser dans l'évaporation la ligne d'affleurement du
bain de sable et du liquide de la capsule. On transporte
alors la capsule au bain-marie, et on pousse l'évaporation jusqu'au degré qu'on peut obtenir par ce procédé;
enfin on achève la dessiccation au bain d'air, c'est-à-dire
en tenant la capsule suspendue sans aucun contact des
parois dans une grande capsule en cuivre chauffée directement à la lampe. Quand la dessiccation est parfaite,
on imbibe la masse avec un peu d'eau acidulée azotique,
qu'on a eu soin de faire chauffer avant de la verser dans
la capsule; cette digestion doit durer une demi-heure
sans jamais arriver à la dessiccation; on réajoute au be-

soin un peu d'eau acidulée. On retire alors la capsule et on la remplit brusquement d'eau froide. Toute la silice est séparée, toutes les bases sont dissoutes, et on recueille la silice sur filtre, en lavant soigneusement à l'eau chaude. Le liquide de filtration est reçu dans une grande fiole.

La silice desséchée, calcinée et pesée, donnerait le chiffre total de ce que la terre en contenait (en faisant, bien entendu, la réduction du rapport de l'échantillon traité au poids total de la matière inattaquée), si l'on n'avait pas à tenir compte d'une très-petite quantité de silice recueillie sur le filtre (C), et dont nous avons déjà parlé à propos de la détermination de la magnésie. Pour se faire une idée de l'importance de cette fraction, on donne ici les pesées du contenu du filtre (C), dans plusieurs analyses ; les poids sont toujours rapportés à 100 parties.

Launac (Hérault), guarigues, propriété Marès........	0.090
— jardin, propriété Marès..........	traces.
Saint-Gilles (Gard), propriété Dugat...............	0.100
Vauvert (Gard), propriété Brunel	0.080
Château de Tusques (Gard), M. de Vogué..........	0.030
Laboryte (Paulhaguet), comte de Morteuil.........	0.075
Le même, roche de gneiss	traces.
Chigny (Vaud), moraine, M. Forel................	0.060
Sylvaréal, arènes de Méditerranée, M. de Daunant....	0.050
Roville (Meurthe), côte Rochet...........	0.010

On voit que la moyenne est environ de 5 dix-millièmes, et, comme dans ces terrains la silice forme plus de la moitié du poids, la perte peut être évaluée tout au plus à un millième du poids de la silice totale.

Cette observation présente un double intérêt. D'abord un intérêt de docimasie. Tous les traités de chimie apprennent que si, après une attaque acide, la terre attaquée n'est pas amenée par l'évaporation à une dessiccation complète, une partie de la silice reste dans cet état moléculaire qui lui permet de traverser tous les filtres, et ils nous apprennent aussi qu'une simple concentration de la matière attaquée, suivie d'une addition brusque d'eau froide, suffit pour changer à peu près complétement l'état moléculaire de la silice et la rendre susceptible d'être arrêtée par les filtres. Nous avons ici la mesure de l'efficacité de cette manipulation, puisque, en concentrant au bain-marie et étendant d'eau froide, il ne passe plus sur un échantillon de 10 grammes que 5 milligrammes de silice, c'est-à-dire 10 milligrammes au maximum, et des traces seulement au minimum. Les analystes ont souvent un immense intérêt à ne pas poursuivre la dessiccation complète, surtout en présence des chlorures de calcium, car ils sont exposés dans cette poursuite à d'autres changements moléculaires que celui de la silice, changements qui peuvent compromettre toute leur analyse; ils savent dans quelle mesure ils s'exposent à entraîner de la silice dans leurs manipulations, et ils sont certains de la retrouver après la première calcination réelle.

D'un autre côté, il est évident, si la silice est un médium nécessaire à la nutrition des végétaux, qu'on doit chercher celle qui peut entrer dans le courant de la séve, justement dans cette quantité qui est susceptible de se présenter à un état moléculaire propre à passer à travers tous les filtres et à suivre tous les liquides. Les résultats que nous avons donnés prouvent, dans les circonstances les plus défavorables, après des efforts de destruction de cette faculté, la présence persistante d'une certaine quantité de silice qu'on pourrait appeler à l'état naissant. On peut donc être rassuré sur la présence de cet élément, et les chimistes agronomes peuvent se dispenser de le rechercher péniblement. Quoi qu'il en soit, il est toujours essentiel, au point de vue de la sincérité de toutes les déterminations, soit de constater rigoureusement le poids de la silice entraînée par les liquides, et de peser très-exactement les silicates inattaquables, soit enfin, si on doit procéder à l'analyse de la partie inattaquable, de recueillir et de déterminer à la balance de précision toute la silice qui y est contenue; car on doit toujours retrouver le poids de la terre dans la somme de ses éléments. Si l'on détermine un des éléments par différence, et c'est justement ce que nous proposons pour les matières organiques, la connaissance scrupuleuse du dosage de tous les autres composants est la seule garantie de l'exactitude de cette détermination. Il n'y a donc pas, à proprement parler, de petite question, de point à négliger. La part de l'induction doit toujours être réduite au minimum; et c'est pour avoir voulu faire de l'analyse agricole *grosso modo* que l'agrologie est restée si longtemps une science stationnaire.

Pour ne pas y revenir, nous allons rechercher les autres éléments de la partie inattaquable. Nous ne pouvons nous occuper des alcalis, qui doivent être déterminés par la méthode fluorhydrique; mais il faut déterminer la chaux, la magnésie, le fer et l'alumine.

On reprend la fiole (λ), qui contient la dissolution azotique du flux de potasse et de soude, et les azotates des oxydes terreux et métalliques. On dissout dans la fiole 1 ou 2 grammes de sel ammoniac, et on ajoute de l'ammoniaque caustique jusqu'à ce que la réaction soit alcaline. L'alumine et le fer sont précipités, on les recueille sur filtre; on lave à l'eau distillée froide, et le liquide est recueilli dans une fiole (μ). Le traitement du filtre est entièrement conforme à celui qui sera décrit dans les paragraphes suivants relatifs aux dosages du fer et de l'alumine, et nous ne nous y arrêtons pas. On ajoute dans la fiole (μ) une pincée d'acide oxalique et un excès d'ammoniaque caustique; la chaux est séparée et, après plusieurs agitations et une digestion de deux heures, est rassemblée sur filtre à l'état d'oxalate de chaux; le liquide est reçu dans une fiole (ν). L'oxalate de chaux sur filtre, après dessiccation complète, est recueilli, passé à l'étuve à cent degrés pendant quelques heures, puis pesé : ce poids, multiplié par le coefficient 0.384, donne celui de la chaux. Dans la fiole (ν) on précipite la magnésie à l'état de phosphate ammoniaco-magnésien par le phosphate d'ammoniaque; mais à cause de la solubilité du précipité dans le liquide ammoniacal, il convient auparavant de rapprocher la liqueur autant qu'on le peut en présence d'une quantité considérable de sels alcalins. Dans les données de l'analyse on peut pousser le rapprochement jusqu'à 2 décilitres. On ajoute alors le phosphate d'ammoniaque

et une certaine quantité d'ammoniaque caustique dont
la présence diminue la solubilité du phosphate ammoniaco-magnésien. On recueille sur un petit filtre le précipité, après une digestion de vingt-quatre heures; on
lave le précipité avec de l'ammoniaque caustique étendue
de deux volumes d'eau distillée, et méthodiquement,
pour employer la moindre quantité possible de liquide.
Le précipité sur filtre, desséché, est recueilli et calciné
dans un petit creuset au rouge cerise pendant une demi-
heure. Le poids du phosphate bibasique de magnésie
ainsi obtenu, multiplié par le coefficient 0.364, donne le
poids de la magnésie. Dans les conditions de l'analyse
ce poids doit être augmenté de deux milligrammes pour
pertes résultant de la solubilité du phosphate ammoniaco-
magnésien dans le liquide de précipitation.

§ VIII. — DOSAGE DU FER ET DE L'ALUMINE ATTAQUABLES.

On reprend la fiole (α) qui contient la solution chlorhydrique du précipité alumino-ferrique obtenu par l'ammoniaque caustique dans le liquide de l'attaque par l'eau
régale. On ajoute peu à peu par fragments de la potasse
caustique dans le liquide, jusqu'à ce que le précipité
alumino-ferrique commence à se manifester par l'agitation. On continue alors à ajouter des fragments de potasse qu'on fait dissoudre par l'agitation, et la règle
invariable est d'en introduire ainsi graduellement une
quantité égale à celle qui a déterminé la précipitation.
Cette marche est indispensable pour assurer la combi-

naison de l'alumine avec l'excès de potasse, combinaison qui reste bien souvent incomplète parce qu'on s'est abusé sur la signification du mot, *excès de potasse*, employé par les chimistes.

La précipitation des sesquioxydes arrive bien longtemps avant la neutralisation parfaite des acides par l'alcali, et quand cette neutralisation est obtenue par les acides énergiques, il faut encore fournir une quantité de potasse surabondante pour obtenir l'aluminate de potasse. Pour favoriser sa formation, et séparer entièrement l'acide phosphorique du sesquioxyde de fer en le faisant passer à l'état allotropique, il faut soumettre le liquide potassique à une ébullition d'une heure au bain de sable. A feu nu on risquerait d'amener la rupture de la fiole et la perte de l'opération. On prépare un filtre double qu'on lave à l'eau bouillante et dont la filtration est reçue dans une fiole qu'elle échauffe ; on vide la fiole, on la replace sous le filtre, et on commence la filtration du liquide potassique de la fiole (α); le sesquioxyde de fer reste sur filtre, et on lave méthodiquement et avec obstination à l'eau bouillante. Même après avoir retiré la fiole qui contient le liquide de filtration on continue à laver le sesquioxyde de fer à l'eau bouillante à filtration perdue, afin de séparer autant que possible une petite quantité de potasse qui adhère fortement aux molécules de sesquioxyde. On met ensuite le filtre à sécher.

Quant à la fiole qui a reçu la filtration et les premiers lavages, pour séparer l'alumine on commence par neutraliser la potasse par l'acide chlorhydrique; au point de neutralité l'alumine trouble la liqueur, une légère addition d'acide chlorhydrique la redissout. On la précipite alors par le sesquicarbonate d'ammoniaque en excès. On la recueille sur filtre, et on lave à l'eau bouillante à filtration perdue. Le filtre est mis à sécher.

Le sesquioxyde de fer est recueilli avec soin sur le filtre sec et placé dans une capsule de platine; on le calcine et on pèse. L'alumine est recueillie de la même manière dans un petit creuset de platine; on calcine au rouge clair une demi-heure et on pèse. Comme il ne s'agit pas, à proprement parler, de substances alimentaires (surtout pour l'alumine, car le fer entre évidemment en petite proportion dans la nutrition), on pourrait considérer ces poids comme définitifs; mais il ne faut pas oublier que la plus rigoureuse exactitude est nécessaire dans l'appréciation de tous les éléments, puisque nous devons arriver à l'évaluation des matières organiques par différence. Il faut donc apprécier la sincérité des dosages obtenus. Si le fer et l'alumine étaient seuls dans la fiole (a), l'opération serait sans doute rigoureuse; mais le fer et l'alumine ont entraîné avec eux une part considérable de l'acide phosphorique contenu dans la terre; on pourrait dire la totalité, si la solubilité capricieuse des phosphates ne laissait pas la crainte que le simple lavage des sesquioxydes sur filtre a pu séparer une fraction de l'acide phosphorique. Cependant cette fraction est faible, et il est facile d'en donner la preuve. Dans la séparation opérée par la potasse et l'ébullition entre le fer et l'alumine, le fer ramené à l'état allotropique abandonne certainement l'acide phosphorique à la potasse en excès. Après la neutralisation de l'alcali, dans

le liquide séparé du fer, par l'acide chlorhydrique, la
précipitation de l'alumine par le carbonate d'ammoniaque entraîne de nouveau l'acide phosphorique à l'état
de phosphate d'alumine, et il est à présumer, d'après les
principes généraux de la statique chimique, que l'alumine doit retenir la presque totalité de l'acide phosphorique qui se trouvait dans l'échantillon. C'est ce qui arrive,
en effet, si on traite cette alumine telle qu'on vient de
l'obtenir comme un échantillon pour l'analyse des phosphates ; c'est-à-dire, pour le rappeler sommairement, si
on le pulvérise avec soin, si on le convertit ensuite en
verre soluble en le calcinant avec un flux de carbonate de
soude provenant de bicarbonate de soude purifié ; si on
dissout ce verre dans l'eau ; si on sursature le liquide d'a-
cide azotique ; si l'on fait digérer ce liquide acide à chaud
au bain-marie pendant vingt-quatre heures pour ramener l'acide phosphorique à la forme tribasique, et si
enfin on précipite le liquide réduit par le nitromolybdate d'ammoniaque, on obtient un dosage d'acide
phosphorique un peu inférieur à celui qu'on a obtenu
par l'attaque initiale de la terre elle-même, mais en
somme assez approché. Ainsi, dans une terre de
M. Marès, de Montpellier, on a trouvé pour le dosage
de l'acide phosphorique dans l'alumine 0.063. On avait
trouvé par le dosage dans la terre entière 0.068. On
voit donc qu'il faut retrancher du dosage de l'alumine
celui de l'acide phosphorique. Quant au sesquioxyde de
fer, il n'y a pas d'intérêt d'analyse à modifier son dosage ;
à supposer qu'il pût retenir un peu de chaux à l'état de
carbonate provenant de l'imperfection des lavages dans

une terre très-calcaire, cette chaux appartiendrait à la terre analysée, et il est assez indifférent qu'elle soit comptée avec le dosage de la chaux elle-même ou avec celui du fer ; le total des éléments n'est pas altéré, et du reste elle est toujours en minime quantité, surtout si on a soin dans les sols très-calcaires, au lieu de s'obstiner à des lavages, de précipiter deux fois les sesquioxydes, en réunissant tous les liquides de filtration après chaque précipitation.

Il faut maintenant étudier ces deux substances au point de vue des qualités qu'elles communiquent au sol dont elles font partie , et c'est un des points les plus importants de la connaissance des terres dans le laboratoire. Les sols arables sont la réunion, en quantités variables, des débris des roches et des produits naturels de leur décomposition, sous l'action du temps, des forces naturelles et des instruments de culture. Une partie importante de notre sol agricole est même en voie de formation directe par les cultures arbustives, telles que vigne, introduites dans des roches tendres de gneiss ou de micaschiste, d'abord par l'action du pic et de la pioche, puis peu à peu, à mesure que les cultures se développent, par des labours énergiques avec de fortes charrues armées de barres d'acier en guise de soc ; tel est le mode d'établissement des vignes de M. de Matharel, à Chézy près Issoire ; de M. de Morteuil, à Laboryte, près Paulhaguet (Haute-Loire), dans les gneiss ; de M. Paret, à Annonay, dans les granits, et d'une infinité de propriétaires qui ont précédé ou suivi dans cette voie ceux que l'on vient de citer. Ces terrains sont donc créés de toutes

pièces avec les débris de la roche brisée par l'industrie
agricole. Mais, à côté de ces terrains, d'immenses surfaces de terres arables sont le produit évident de la décomposition sur place ou à faible distance des roches
par les forces naturelles ; et ces terrains en conservent tous les éléments principaux, avec ce caractère
commun d'une forte diminution des éléments attaquables par voie acide. Ainsi une roche de gneiss qui cé-
dait 20 pour 100 de son poids, à l'attaque acide, en éléments solubles, transformée depuis longtemps en sol
arable, par l'atténuation naturelle de ses éléments, n'en
fournit plus dans cet état que 17 ou même 13 parties
sur 100. La raison en est bien simple. L'état rocheux
n'offrait qu'une surface très-réduite à l'action des forces
naturelles, et cette surface protégeait contre toute décomposition la masse intérieure. Cette même roche,
réduite en sable de toutes les dimensions jusqu'à la
grosseur impalpable, a été livrée sans défense à toutes
les actions météoriques ; cette décomposition lente,
mais incessante des silicates, si bien étudiée par
M. Daubrée, a mis à découvert les éléments basiques
de la roche qui ont été successivement entraînés par
les eaux adventices, toutes les fois que leur nature chimique permettait la solution dans des circonstances
données, et souvent aussi en raison de leur atténuation
par une simple action mécanique. Dans ce dernier cas
ces terrains semblent se réduire à un sable maigre et
sans liaison, auquel on ne peut communiquer un peu de
force productive qu'en attaquant par des cultures profondes le sous-sol, ce qu'on appelle le gor dans les sols

granitiques, sous-sol qui, grâce à l'abri du sol supérieur, et grâce à sa profondeur qui l'a fait échapper
jusqu'à présent à la division par les instruments de culture, a pu conserver dans leur intégrité les éléments
solubles de la roche primitive.

Après avoir saisi ainsi à l'origine la formation élémentaire des sols arables, il faut se hâter d'ajouter que
cet état élémentaire, quoique beaucoup plus fréquent
qu'on ne le suppose ordinairement, n'est pas le cas le
plus général de la constitution des sols arables. Le plus
souvent ces sols sont formés de débris entraînés par
les eaux à de grandes distances, et auxquels il serait
bien difficile de donner un certificat d'origine. Ici il faut
encore distinguer. Si, après avoir examiné les terrains
formés sur place des débris des roches, on étudie ceux
qui appartiennent au même thalveg, même sur une assez
grande échelle on trouve à tous ces terrains un air de
famille impossible à méconnaître. Ainsi la vallée de la
Durance, dont le bassin est cependant très-étendu, montre dans toutes ses alluvions un caractère constant. Cependant les affluents secondaires sont très-nombreux. La
crue de la rivière qui a formé les dépôts était due tantôt
à un affluent, tantôt à l'autre ; mais le bassin offre une
assez grande uniformité géologique, et les exceptions
n'ont pu influer sérieusement sur la nature des dépôts.

	Carbonate de chaux.	Silice.
Limon de Durance en une crue (Pomerol).	42.580	non déterminée.
Terre de Barbentane..................	44.550	id.
— du Cheval-Blanc...............	43.410	37.680
— de Romanin	43.110	38.370

	Carbonate de chaux.	Silice.
Terre de Bressières	41.870	38.740
— de Korkes......................	44.680	36.900
— de Cabannes....................	41.630	non déterminée.
— de Tarascon....................	41.480	id.

Ces terres ont été fournies par M. King, négociant en garances, et par conséquent sans aucune préoccupation de système minéralogique. Leur analyse a été faite sans aucune exception sur tous les échantillons fournis, et pour des recherches purement alimentaires. Leur uniformité à des distances bien grandes les unes des autres et à des positions bien différentes par rapport au lit du fleuve est donc la preuve sans réplique de cette parenté étroite qui permet le plus souvent de donner dans le laboratoire à une terre son certificat d'origine, même quand elle ne porte pas d'étiquette ; cela est arrivé plus d'une fois à l'auteur de ce Traité. Cependant il ne faut pas pousser trop loin l'analogie, et une rencontre fortuite pourrait tromper l'analyste. D'un autre côté, quand un bassin devient assez considérable pour avoir des affluents qui sont de véritables rivières, et qui proviennent de formations différentes, les alluvions du fleuve qui donne son nom au bassin peuvent offrir des variétés infinies. Ainsi, prenons le bassin du Rhône pour exemple : la Saône et l'Ain viennent du Jura ; tous les affluents de l'Ardèche viennent de sols granitiques ou basaltiques ; sur la rive gauche le bassin de l'Isère est schisteux et granitique par le Drac, et toutes les autres rivières jusqu'à l'embouchure proviennent de formations calcaires. Les crues du fleuve, et par suite ses alluvions, proviennent rarement de l'ensemble des bassins ; presque toujours, sauf aux embouchures, elles sont dues à l'affluence d'un bassin particulier. Les terrains submersibles de la vallée du Rhône ont donc un caractère mixte et variable suivant la formation du dépôt ; car, spécialement dans les terrains endigués, il n'arrive jamais que la formation soit lente et présente une moyenne de la composition des limons charriés par le fleuve ; des accidents, des ruptures de digues, la proximité ou l'éloignement du point de jonction de l'affluent qui gouverne la crue, occasionnent des alluvions rapides qui, en une seule fois, présentent une forte partie de l'épaisseur de la couche arable sur des propriétés étendues. Les conclusions de l'agrologue tirées de l'analyse de ces échantillons sont donc incertaines en ce qui concerne leur origine. Cependant il peut encore, avec un grand degré de probabilité, indiquer approximativement le point du bassin où le dépôt s'est formé, avec la seule donnée de sa composition chimique. Mais ce n'est plus qu'une probabilité.

Si des terrains d'alluvion nous passons aux terrains de diluvium, la nuit s'épaissit. Ces sols silico-ocreux, qui recouvrent des plateaux de montagnes et des coteaux d'une inclinaison très-forte, et qui, reposant ainsi très-souvent sur la roche calcaire, ne contiennent pas l'élément calcaire ou le contiennent en quantité minime, sont en réalité de véritables terrains erratiques jetés loin du lieu de leur origine par une convulsion de la nature dont il faut laisser l'appréciation aux géologues. Toutefois ces terrains eux-mêmes, qui, du reste se trouvent mêlés dans toutes les proportions aux alluvions, viennent d'une décomposition ancienne des roches. Les crises géologiques qui les ont entraînés et déposés ont fait souvent des triages étranges qui donnent à la terre arable un cachet particulier. Ainsi un terrain de diluvium sur dolomie, à Parade, près de Générargues, dans le Gard, contient 40 p. 100 de sesquioxyde de fer, tandis que le même diluvium dans seize échantillons pris, sur le lias, sur le terrain oxfordien, sur le micaschiste, sur le néocomien, sur le calcaire à hippurites, et qui ont été soumis à notre analyse par M. Émilien Dumas, de Sommières, présentent un dosage de 5 à 10 pour 100. Les argiles, les marnes et les craies des différents âges géologiques offrent du reste des exemples sans nombre de ces résultats singuliers des remaniements des débris des roches dans les crises neptuniennes.

Le mélange dans des proportions variables de toutes ces formations, roches en nature, sables, argiles, marnes et craies de différents âges et de différentes provenances, plus ou moins remaniés par les eaux, constitue la masse des terres arables. Le nombre et la durée des remaniements ont amené une plus ou moins grande dissipation des éléments solubles, c'est-à-dire une plus ou moins grande pauvreté du sol en richesses minérales. La connaissance de cette pauvreté ou de cette richesse est justement le but principal de l'analyse agrologique ; mais, pour la bien apprécier, il faut se rendre un compte exact des phénomènes qui se passent dans ces assemblages de particules qui constituent le sol, phénomènes dans lesquels le rôle de l'alumine et du fer oxydé est prédominant.

Mettant de côté les fragments pierreux qui n'ont d'autre influence sur la nutrition que la place qu'ils occupent inutilement, le sol est donc formé de particules de toutes les dimensions au-dessous de celle d'un millimètre, ou du poids d'un milligramme à zéro, les unes provenant du broiement des roches calcaires, les autres de la division des roches siliceuses. Les premières ont une utilité directe dans l'alimentation des végétaux, mais leur surabondance est plutôt un danger qu'un avantage pour l'agriculteur, par la rapidité avec laquelle elles dissipent les matières organiques, en s'emparant des éléments acides et évaporant tous les produits neutres ou alcalins qui sont volatils par eux-mêmes, ou bien les mettant dans un état de solubilité qui livre à la discrétion des eaux adventices ce qui n'est pas immédiatement consommé par les cultures. Ces particules calcaires fixent l'acide phosphorique en formant des sels tribasiques insolubles, ou dont, tout au moins, la solubilité, ne s'exerçant que de proche en proche par des décompositions et des recompositions moléculaires, ne donne aucune activité à la végétation. Enfin, nous avons montré plus haut que le carbonate de chaux, dans une proportion qui dépasse 29 p. 100, communique aux sols continus ou compactes le caractère de l'immobilité, et aux sols discontinus une porosité, qui précipitent l'évaporation des liquides et peuvent amener dans les entreprises agricoles, pendant les périodes de sécheresse, les accidents les plus graves

8

comme on l'a vu, ces dernières années, pour la vigne.

En faisant abstraction de ce composant et des matières organiques, tout le reste du sol arable est uniquement formé par les produits d'une décomposition plus ou moins avancée des roches siliceuses, feldspaths, granits, granitoïdes, gneiss, schistes, micaschistes, grauwackes, quartz, silex, etc. Les produits de ces décompositions sont de deux natures, solubles ou insolubles, sinon absolument, au moins relativement sous l'influence des liquides qui circulent dans la couche arable. Il est évident que cette couche, en dehors des actions violentes, retiendra à peu près en totalité les éléments insolubles, et sera appauvrie des éléments solubles, plus ou moins, suivant qu'elle sera le résultat de remaniements plus ou moins considérables, et qu'une fois en place elle aura été plus ou moins soustraite aux influences météoriques. Or, les véritables éléments insolubles dans les produits de la décomposition des roches siliceuses sont, après la silice, l'alumine et le sesquioxyde de fer. On pourrait presque, par un calcul d'équivalents, et avec une hypothèse très-probable sur les unions des silicates, remonter par le dosage de ces trois éléments à l'origine des roches qui ont formé le sol, et apprécier par l'étendue des pertes en éléments solubles les vicissitudes éprouvées par les débris de ces roches, avant de constituer le champ où l'agriculteur exerce son art. Les constituants solubles des silicates primitifs sont la magnésie, la potasse, des traces de chaux que nous ne citerons que pour mémoire, de l'acide phosphorique combiné (quelquefois en proportion assez considérable dans les terres basaltiques et les terrains volcaniques modernes), de la soude en très-faible proportion, sauf dans des formations exceptionnelles où le feldspath a été remplacé par l'albite, et dans les terrains de diluvium ou d'alluvion en communication avec des sources salées. En nous arrêtant sur l'acide phosphorique, la potasse et la magnésie qui sont les composants solubles les plus universellement répandus, et par une dispensation providentielle, les seuls indispensables à la nutrition végétale, il est facile de constater la faible proportion de ces composants dans la plupart des terres arables par les causes que nous avons décrites. Cette pauvreté, bien loin d'étonner l'observateur, lui semble tellement naturelle que sa surprise s'attache bien plutôt à l'existence constante de ces trois éléments à l'état soluble ; car une logique bien élémentaire suffit à démontrer qu'il ne devrait plus en rencontrer de traces dans les terrains, ou du moins que les terrains ne peuvent avoir conservé que les parties engagées dans les silicates qui n'ont pas encore subi d'altération.

Ici apparaît le rôle du sesquioxyde de fer et de l'alumine hydratés qui, par une affinité naturelle, retiennent l'acide phosphorique et la potasse séparée des silicates, et servent ainsi de magasins naturels pour la nutrition des végétaux. La confraternité de ces deux sesquioxydes qui ont entre eux une affinité fondée sans doute, non sur une attraction électrochimique proprement dite, mais sur une conformité moléculaire amenant des phénomènes de substitution ; cette confraternité, disons-nous, est cause qu'il est difficile de discerner si cette faculté d'emmagasinement, cette propriété

conservatrice qui s'étend aux matières organiques elles-
mêmes, appartient plutôt à l'un qu'à l'autre des sesquioxydes. L'observation semble pourtant établir que le
sesquioxyde de fer est spécialement le conservateur des
éléments minéraux et de l'ammoniaque, et l'alumine
des matières organiques, ce que de nombreuses expériences chimiques, la ténacité avec laquelle le sesquioxyde de fer retient la potasse et les alcalis en général,
et la formation des laques alumineuses, d'autre part,
paraissent prouver d'une manière irréfutable.

Malgré les services indispensables rendus par les deux
sesquioxydes hydratés, on aurait lieu de s'alarmer sur
l'avenir, si l'agriculteur se trouvait en face d'un fait
accompli, et ne pouvait plus compter pour ses cultures
que sur les provisions disponibles constatées dans le
sol. Heureusement le phénomène de la décomposition
des silicates s'exerce constamment sous l'action des cultures et des météores. Ainsi l'agriculteur trouve en
réserve, non-seulement les éléments attaquables aujourd'hui, mais tous les éléments minéraux alimentaires
contenus dans les silicates non décomposés, et cette
réserve est ordinairement très-considérable. Toutefois,
il est évident que, plus on hâte sa disponibilité par les
cultures, plus on appauvrit une source qui, pour être
abondante, n'est pas inépuisable ; et, du reste, certains
terrains n'ont, sous cette forme même, qu'un avenir
très-peu rassurant. On est donc amené invariablement
en face de la grande loi agricole, celle des restitutions,
et le rôle de l'agrologue est assez grand en indiquant
aux praticiens parmi les restitutions celles qui présen-

tent le plus d'urgence, et ce qu'il convient de faire pour maintenir entre les aliments des plantes un équilibre qui est la véritable condition du succès.

Il faut examiner séparément les deux sesquioxydes pour montrer leur répartition dans différents terrains et leurs propriétés particulières. Le procédé d'analyse qu'on a suivi ne distingue pas entre les différents oxydes de fer; et cependant le sol peut contenir du protoxyde, de l'oxyde magnétique et du sesquioxyde. Le fer, qui entre évidemment dans la constitution végétale, comme il entre dans la constitution animale, y pénètre très-probablement plutôt à l'état de sel de protoxyde qu'à l'état de sel de sesquioxyde. Bien que le carbonate de fer ne puisse être préparé dans le laboratoire, il existe dans la nature en masses considérables, sous le nom de fer spathique, et se trouve en dissolution en petite proportion dans l'eau chargée d'acide carbonique. La plupart des sources et des eaux courantes contiennent des traces d'oxydes de fer, soit à l'état de bi-carbonate, soit à l'état de sulfate, soit à celui de chlorure, soit encore à l'état de phosphate dissous à la faveur de l'acide carbonique; sauf ce dernier sel, qui peut être considéré souvent comme un sel de sesquioxyde, presque toutes ces solutions sont des sels de protoxyde. Si l'on voulait discerner dans le sol la partie du fer qui est à l'état de protoxyde, il faudrait une analyse fondée sur une attaque non oxydante, et doser le protoxyde de fer au moyen de la décoloration d'une liqueur titrée de permanganate de potasse; mais cette recherche sort du programme de ce Traité. Si le protoxyde de fer se trouve en quantité notable dans les eaux et dans les couches soustraites aux influences atmosphériques, et forme la base ordinaire des silicates dans les roches, son importance disparaît dans les terres en culture, car l'oxygénation du protoxyde en présence de l'air et des météores est très-rapide, soit dans les sels solubles, soit dans les produits de la décomposition des sels insolubles. Les exemples de cette transformation frappent les yeux les moins exercés. La cassure verte d'une roche granitique devient rapidement ocreuse au contact de l'atmosphère; dans les roches primitives schisteuses le phénomène s'étend assez loin au-dessous de la surface. Les pyrites ou sulfures de fer, sous la même influence, se changent successivement en sulfates, puis en sous-sulfates de sesquioxyde, puis en sesquioxyde pur, et les métallurgistes n'ont pas oublié ces tristes découvertes de couches de sesquioxyde qui, une fois enlevées comme minerais, ont laissé à nu des sulfates de fer, et au-dessous les pyrites qui avaient donné naissance aux deux produits. Le sesquioxyde est donc l'oxyde général et permanent qui caractérise les terres arables, et il est naturellement hydraté parce que, dans les décompositions par voie humide, les acides éliminés sont remplacés par l'eau qui, à la température ordinaire, forme avec le sesquioxyde de fer une combinaison stable. Toutefois, il est difficile d'admettre que la combinaison de l'eau avec le sesquioxyde ne présente pas des variations assez grandes, suivant l'état hygrométrique et la température. La facilité avec laquelle cet oxyde abandonne son eau de combinaison à une température peu élevée, et les variations de volume de l'oxyde à me-

sure qu'il se dessèche, font supposer une série de combinaisons peu stables. Pour l'analyste, la question se
réduit à déterminer la quantité d'eau retenue par le sesquioxyde à la température de 80° centigrades, qui est
la température ordinaire de la dessiccation des échantillons soumis à l'analyse dans son laboratoire. De nombreuses expériences établissent qu'à cette température
le sesquioxyde retient 17 p. 100 de son poids d'eau, ce
qui donne, pour cet hydrate, une composition très-rap-
prochée de la formule $2Fe^2O^3 + 3HO$ (1). Ce serait
donc, en quelque sorte, un sesqui-hydrate, si l'on nous
permet d'introduire ce néologisme dans la langue scientifique. En tout cas, quand on établit la série des composants d'un échantillon de terre, comme le sesquioxyde
de fer est pesé après déshydratation par voie de calcination, il ne faut pas oublier de rétablir le chiffre de l'eau
de combinaison. Comme l'hydrate de sesquioxyde de

---

1. La détermination de la nature réelle des hydrates contenus dans le
sol est un des problèmes les plus ardus de la chimie minérale. On rencontre des hydrates naturels qui ont, en effet, une composition se rapprochant de la formule adoptée, c'est-à-dire contenant, après dessiccation
à l'étuve à l'eau bouillante, 17 p. 100 d'eau de combinaison; mais si l'on
veut reproduire ces hydrates dans le laboratoire, il est aussi impossible
d'y réussir que de faire les carbonates de protoxyde de fer qui se rencontrent dans la nature. Si l'on précipite d'un chloride de fer le sesquioxyde de fer par le succinate d'ammoniaque, et qu'après des lavages du
précipité à l'eau bouillante on le fasse bouillir encore dans l'eau distillée pour le purifier entièrement; si ensuite on le dessèche à l'étuve
pendant plusieurs jours, en le pulvérisant avec soin, et poussant la dessiccation jusqu'au-delà du terme où chaque nouvelle journée de séjour
à l'étuve n'amène plus de modification dans le poids taré sur une balance de précision, on trouve pour la composition de cet hydrate

fer est enlevé en totalité par l'attaque à l'eau régale, il est très-facile d'apprécier l'importance de son dosage dans les différents sols arables. Nous en donnons plus loin un tableau, en y joignant le dosage de l'hydrate d'alumine que nous devons d'abord examiner séparément.

L'alumine est contenue dans les roches à l'état de silicate double et principalement dans les grains feldspathiques du granit sous la forme $KO,SiO^3 + Al^2O^3,3SiO^3$. Tout le monde sait que les grains feldspathiques (comme, du reste, tous les silicates, même ceux qui, comme les verres, ont reçu l'action du feu) se décomposent lentement sous l'action continue des météores, et que le kaolin ou terre à porcelaine est un produit de cette décomposition. Le kaolin est un mélange de grains quartzeux, de grains de feldspath non décomposés, et d'une partie impalpable qui semble le résultat le plus

---

$Fe^2O^3 + 2HO$, c'est-à-dire qu'il est isomorphe avec l'hydrate naturel d'alumine. Cependant les manipulations sobres par le sesquioxyde ont dû le transformer en sesquioxyde allotropique, et en effet, il est difficilement attaqué par les acides. Or, le sesquioxyde allotropique contient moins d'eau que le sesquioxyde naturel. Quel est l'état naturel des sesquioxydes contenus dans toutes les terres arables, qui ont tant d'origines diverses, et qui ont subi tant de remaniements différents ; qui, enfin, sont tous attaquables et pris entiers par l'attaque à chaud à l'eau régale? C'est, à notre avis, une question encore en jugement, et nous ne serions pas surpris que le dosage des matières organiques se trouvât encore, par ce fait, notablement inférieur à la proportion déjà fort réduite à laquelle nous l'avons évalué. En résumé, le chiffre que nous donnons pour les matières organiques après l'évaluation par eau de combinaison de 17 p. 100 de sesquioxyde de fer attaquable et de 35 p. 100 de l'alumine attaquable, est un maximum susceptible de réduction.

avancé de la décomposition du feldspath. On pourra
juger, par comparaison, de ce qui a disparu de la composition primitive dans cette poussière impalpable. Pour
faciliter la comparaison, on place, pour le même dosage
en alumine, le feldspath non décomposé à côté de l'analyse du kaolin :

	Feldspath.	Argile kaolin.
Silice	227.00	83.00
Alumine	64.00	64.00
Potasse	59.00	4,30

La plus grande partie de la potasse a disparu comme
on pouvait s'y attendre ; mais il est remarquable qu'on
ne retrouve dans les parties fines séparées par la végétation qu'un peu plus du tiers de la silice totale. Les
chimistes les plus justement accrédités ont voulu expliquer cette singularité en admettant que, dans les trois
équivalents de silice combinés avec l'alumine dans le
feldspath, deux avaient disparu dans la décomposition
lente de cette roche et avaient été remplacées par deux
équivalents d'eau, en sorte que l'alumine se trouverait
engagée dans cet argile à l'état d'hydrosilicate sous la
forme $Al^2O^3, SiO^3 + 2HO$. En effet, la quantité d'eau
retenue dans le kaolin desséché à l'étuve se rapproche
de celle qui constituerait deux équivalents, si on la
compare au dosage de l'alumine. Mais évidemment
cette explication ne rend pas compte de la disparition
de la silice, à moins qu'on n'admette qu'elle a été régulièrement emportée par les eaux à l'état gélatineux, au
moment même où la décomposition s'opérait. Mais dans
les terres arables, cette disparition de la silice devrait se

manifester, sinon au même degré, au moins d'une manière comparable. Or, si nous prenons les analyses totales d'un certain nombre de terrains, au hasard, nous trouvons les résultats suivants sur 1,000 parties.

	Silice.	Alumine.
Diluvium du plan de Dieu (Vaucluse)	680	99
Moraine en vignes, Chigny, Vaud (Suisse). .	680	110
Argile glaciaire, ou *diot*, Bellevue (Genève).	390	116
Sables granitiques, Annonay (Ardèche)	758	104
Terre argilo-calcaire de Pœstum (Italie)	436	100
Cheval-Blanc, alluvion de la Durance	377	58
Terre de Romanin, alluvion de la Durance . .	384	50
Diluvium de Saint-Jean-du-Gard, sur lias . . .	625	131
Causse de Campestre (Gard)	414	244
Diluvium de Foumiguet, près St-Gilles (Gard).	725	123
Causse Bégou, près de Trèves (Gard)	361	263
Diluvium d'Anduze, diluvium sus-oxfordien . .	628	169
Argile plastique de Bollène	747	120

En retranchant les deux causses des Cévènes, de Campestre et de Bégou, dans lesquels, pour des raisons que nous n'avons pu étudier, le rapport entre la silice et l'alumine se rapproche de celui de l'argile kaolin après les deux lévigations qui servent à la préparer, l'ensemble des analyses donne entre la silice et l'alumine le rapport de 36 à 6 environ, au lieu de celui de 8 à 6 donné par l'argile kaolin. Sans doute les argiles contenues dans ces terrains retiennent une quantité de silice importante due à la pulvérisation des fragments quartzeux et à la décomposition des micas. Néanmoins il est impossible, en présence de ces résultats, d'admettre la disparition de la silice à l'état naissant. Elle a suivi l'alumine à travers tous les remaniements, et ces remaniements mêmes ont amené son atténuation et un mélange à l'état impalpable avec l'alumine. C'est du reste là, probablement, l'explication de la nature de certains dépôts et en particulier de l'argile kaolin. Bien loin d'être entraînée dans les phénomènes de décompo sition lente et tranquille, la silice à l'état naissant se réunit aux atomes semblables et forme par voie humide des cristaux qui sont de véritables grains de sable rela- vement aux hydrates alumineux, et qui se trouvent séparés par des lévigations soignées. Au contraire, dans les crises géologiques et les mouvements neptuniens, les grains de silice entraînés s'usent par les frottements, sont réduits à l'état impalpable, n'étant plus à l'état naissant, ne sont plus susceptibles de s'agglomérer, et se retrouvent ainsi en totalité, sauf des exceptions, dans les terres arables.

Mais l'alumine dans les argiles est-elle réellement engagée à l'état d'hydrosilicate d'alumine, comme on l'admet généralement ; ou bien l'argile est-elle un sim- ple mélange de particules à l'état impalpable, tout aussi bien de silice hydratée ou anhydre que d'alumine hydratée, de sesquioxyde de fer hydraté, de carbonate de chaux, de carbonate de magnésie, de phosphates d'une ou de plusieurs de ces bases en petite proportion, enfin de silicates non décomposés? Les analyses nous font pencher vers cette dernière opinion. Aucun chi- miste, à notre connaissance, n'a jamais pu présenter l'hydrosilicate d'alumine à l'état isolé, tandis que l'hydrate d'alumine se rencontre fréquemment à l'é-

tat de pureté ; et, comme cet hydrate contient deux
équivalents d'eau, tout aussi bien que l'hydrosilicate
hypothétique dont on a voulu faire la base constituante
des argiles, il est évident que ce n'est pas la détermination de l'eau combinée à l'alumine qui peut résoudre la
question. Si, au contraire, nous examinons attentive-
ment l'analyse de ces argiles si variées qui forment en
quelque sorte la base de tous les sols arables, nous y
trouvons les éléments du mélange en toute proportion ;
la quantité d'eau toujours proportionnelle à la quantité
d'alumine attaquable par l'eau régale ; cette alumine,
régulièrement dissoute en même temps que le fer dont
elle semble bien plus la compagne nécessaire qu'elle ne
peut l'être de la silice ; enfin, les silicates non attaqués
parfaitement anhydres et retenant les bases, qui for-
maient les roches à l'état de silicates doubles de ces
bases et de l'alumine. Du reste, le fer sesquioxyde et l'a-
lumine sont isomorphes, et tout indique que leurs desti-
nées sont pareilles, avec cette réserve cependant que le
fer passe en général de l'état de protoxyde à l'état de
sesquioxyde pendant la décomposition des silicates, et
que l'instabilité du protoxyde, ou, plus correctement, son
affinité très-grande pour l'oxygène est un des adjuvants
les plus actifs de cette décomposition, tandis que l'alumine n'ayant qu'un seul oxyde ne doit sa mise en liberté
qu'à son association avec une base puissante et soluble
dans un silicate complexe.

On a insisté sur cette discussion, qui est loin d'être
encore une solution définitive, parce que la connaissance parfaite de la constitution des argiles est certai-

nement la partie principale de la connaissance des sols arables. Quant à présent, il nous suffit de savoir que l'alumine attaquée, quelle que soit l'hypothèse admise sur son état d'hydrate ou d'hydrosilicate, est associée à deux équivalents d'eau qui ne se séparent qu'à une température élevée. Il en résulte que, dans la récapitulation des éléments constitutifs d'un sol, quand on a pesé l'alumine calcinée, il faut ajouter l'eau combinée, comme on le fait pour le sesquioxyde de fer, et cette eau combinée représente 35 p. 100 du poids de l'alumine calcinée. On peut mesurer, dès à présent, quelle était l'erreur de ceux qui voulaient apprécier le dosage des matières organiques par voie de calcination. Sans parler des risques de décomposition des carbonates, de grillage de certains composés binaires, de réduction de certains autres, et de volatilisation des chlorures, on se trouvait en présence d'une grande erreur : la déshydratation des sesquioxydes, dont on ne tenait pas compte, et dont, du reste, on ne pouvait tenir compte qu'après les avoir dosés méthodiquement.

L'alumine présente encore pour l'étude agrologique un caractère de la plus haute importance et sur lequel il faut insister. L'alumine hydratée est comme le ciment qui réalise la ténacité, ou, pour parler plus exactement, la résistance à l'écrasement. Mais cette propriété ne s'exerce que dans les sols compactes. En effet, la continuité ou la compacité sont la première condition de l'exercice de la force de contraction de l'alumine. Il faut qu'il y ait contiguïté entre les parti-

cules impalpables du sol pour que le ciment en fasse
un tout homogène et résistant. La connaissance du dosage en alumine n'a donc aucune portée quand elle est
indépendante de l'analyse physique du sol. Mais, au
contraire, quand cette analyse démontre une proportion de plus de 30 p. 100 de parties impalpables, sa
ténacité se proportionne à l'abondance de l'alumine
hydratée. Ainsi une terre d'Althen-les-Paluds, qui contient 52 p. 100 de parties impalpables, est sans ténacité
parce qu'elle ne renferme que 0.5 pour 100 d'alumine
attaquable. Une terre de Roville qui contient 47 p. 100
de parties impalpables est très-forte parce qu'elle contient 2.5 pour 100 d'alumine attaquable. En revanche,
une vigne de Lacryma-Christi est sans ténacité, bien
qu'elle contienne 9 p. 100 d'alumine attaquable, parce
qu'elle ne présente que 12 p. 100 de parties impalpables. On pourrait multiplier les exemples à l'infini. Toutefois, il faut se garder de conclusions trop absolues ; il
n'est pas prouvé que les hydrates de sesquioxyde de
fer ne jouent pas un rôle analogue à celui de l'alumine, et la silice hydratée elle-même, dans son mélange avec la chaux carbonatée, donne à la masse par
la dessiccation une consistance que le carbonate de
chaux et la silice n'auraient pas séparément. On peut
donc conclure que le phénomène de la ténacité ne
se présente que dans les sols continus, et que, dans
cette grande classe de terrains, l'alumine a une action directe et positive pour réaliser cette qualité ;
mais on ne saurait proportionner rigoureusement dans
ces terrains la ténacité au dosage de l'alumine attaqua-

ble, parce que d'autres éléments, notamment le sesquioxyde de fer et la silice hydratée, paraissent exercer
une action dans le même sens, tandis que le rôle du
carbonate de chaux serait purement passif.

§ IX. — DOSAGE DES MATIÈRES ORGANIQUES.

La détermination de la masse totale des matières
organiques n'est plus que l'objet d'une simple soustraction, après les dosages qui précèdent. On raisonne ici
dans le cas le plus général ; car certains sols demandent la détermination séparée de l'acide sulfurique, de
l'acide chlorhydrique et du manganèse ; mais ces circonstances sont rares, et il est plus rare encore que ces
dosages influent d'une manière sensible sur le total des
matières organiques. Il faut en excepter les terrains
salants proprement dits dont nous avons donné des
exemples et où les alcalis et la magnésie se trouvent
à l'état de chlorures, et non à l'état de carbonates.
Voici un exemple de la détermination des matières organiques. On a dosé à Roville, dans un sol contenant des
pierres dolomitiques, sur 100 parties :

Acide phosphorique.....................	0.087
Acide carbonique......................	9.847
Potasse..............................	0.975
Soude...............................	0.119
Chaux..............................	7.616
A reporter	18.644

Report	18.644
Magnésie............................	3.510
Sesquioxyde de fer	9.890
Alumine............................	4.130
Eau de combinaison des sesquioxydes	3.176
Inattaquable calciné....................	55.870
Le total déterminé est..................	95.220
Reste pour les matières organiques........	4.780
Total de l'échantillon..................	100.000

Sans doute cette manière de déterminer les matières organiques est exposée aux critiques de tous les dosages par différence. Si pourtant on veut apprécier les limites d'erreur de chacune des déterminations dans une analyse scrupuleuse, on verra que leur somme, en supposant toutes les erreurs dans le même sens disparaît devant le total des matières organiques. Du reste pour apprécier la sûreté d'une méthode, il faut comparer les résultats qu'elle donne dans l'ensemble des terres arables. Si ces résultats sont rationnels et concordants, on accorde à la méthode la confiance qu'elle mérite. Or les résultats obtenus présentent non-seulement ce double caractère, mais encore confirment l'opinion justement accréditée sur la pauvreté des formations calcaires en matières organiques, et la richesse relative des sols silico-argileux.

Pour mieux faire saisir cette différence fondamentale qui joue un rôle si important dans l'agrologie, on présente ici un tableau à deux entrées, l'une à gauche pour les terrains calcaires, l'autre à droite pour les terrains siliceux. Les deux colonnes de dosage se trouvent ainsi contiguës et ce rapprochement facilite la comparaison. Les résultats consignés se rapportent toujours à cent parties.

Sols calcaires.	Matières organiques.		Sols siliceux.
La Charnéa (H^te-Savoie).	1.336	3.839	Saint-Contest (Calvados).
Château d'Avignon (Camargue)	1.488	3.823	Laboryte (Haute-Loire).
Barbentane (Durance)...	1.746	2.610	Bordelet (Ardèche).
Argile d'Aigues (Vaucluse)..............	2.092	3.140	Bolbène de Chélan (Gers).
Castrogiovanni (Sicile)..	2.310	3.153	St-Gilles (Gard), M. Baumes.
Althen-les-Paluds (Vaucluse)..............	1.610	3.312	Launac (Hérault). La Vinasse.
Diot de Bellevue (Genève)..............	1.351	2.520	Argile réfractaire du Mourre-Rouge.
Sable de la Hart (Haut-Rhin)..............	1.080	2.245	Annonay. Sable granitique.
Château de Tresques (Gard)	0.810	5.162	Ajaccio (Corse). Pépinière départementale.
Pomerol (Tarascon).....	0.982	4.716	Roville, terre de la vallée.
Rougetty (Tarascon)·....	1.510	3.282	Vauvert (Gard). M. Brunel.
Total.	16.315	37.802	Total.
Moyenne des onze sols calcaires.............	1.483	3.436	Moyenne des onze sols siliceux.

Il résulte de ce tableau que la teneur des terres calcaires en matières organiques est moins de moitié de ce qu'elle est dans les terrains siliceux. Il en résulte également que le dosage des terres arables en matières organiques est beaucoup moins considérable qu'on ne

9

le suppose généralement ; et cela tient, ainsi qu'on l'a
démontré, à ce qu'on emploie d'ordinaire la méthode
de calcination sans tenir compte des pertes qu'elle occa-
sionne dans les sels minéraux et qu'on attribue à tort
aux matières organiques, et surtout de la plus considérable de toutes, l'eau de combinaison des sesquioxydes
de fer et d'aluminium.

Il faut des soins particuliers pour faire des appréciations de quelque valeur. En effet, l'examen doit porter
sur des terres qui, par les remaniements naturels ou
par les cultures, sont arrivées à l'état d'équilibre ; et
encore dans les terres cultivées, il faut tenir compte des
cultures spéciales qui entraînent soit des accumulations
naturelles de débris organiques, soit des apports considérables et récents d'engrais, soit, en sens contraire,
de grandes consommations non équilibrées par des restitutions équivalentes. C'est ainsi que l'usage des engrais
concentrés, tels que le guano et les tourteaux pulvéri-
sés des graines oléagineuses, combinés avec les récoltes
en racines, ou celle des grandes graminées, telles
que les maïs et les sorgho, amènent rapidement l'épui-
sement des matières organiques, ce que les agriculteurs
appellent le desséchement de la terre ; et le rétablissement de cet équilibre détruit est une des plus gros-
ses affaires que puisse rencontrer le praticien. Par contre, les fonds de marais récemment défrichés, le sol des
forêts, les terres hermes, couvertes d'une végétation
herbacée et arbustive, soustraites au parcours par des
circonstances particulières, certaines formations boueu-
ses des volcans modernes présentent un dosage quel-

quefois énorme ; nous en citerons quelques exemples :

Guarigue du plan de Dieu (Vaucluse).............	5.197
Changy-les-Bois (Loiret). Marais, partie sablonneuse.	4.231
Chaugy-les-Bois (Loiret). Marais, partie argileuse...	18.441
Grenouillet (Orange). Prairie....................	8.721
Étang d'Aglan (Orange). Jardins................	8.125
Pont-du-Château (Limagne d'Auvergne)..........	8.604
Launac (Hérault). Terrain herme, guarigue........	11.524
Marne de Roville (Meurthe).....................	7.861
Paluds de Pæstum (Italie)......................	13.159
Marais de Fauxbourgette (Bouches-du-Rhône)......	7.841
Syracuse. Paëse nuovo. Vignes..................	11.086
Nicolosi. Vigne Gemellara (Sicile)...............	21.448

Comme il était facile de le prévoir, les terres d'alluvion, malgré leur réputation méritée de fertilité, sont aussi pauvres en éléments organiques qu'en éléments minéraux solubles. Sous l'action incessante des lavages, elles sont réduites à un minimum. Leur fertilité tient, non pas à la richesse propre du sol, mais à l'entretien de ce minimum par les visites intermittentes du fleuve. Il peut être curieux d'en donner quelques exemples, bien que ces exemples soient limités à la vallée du Rhône :

	Total des matières organiques.	
Alluvion récente du Rhône. Sauveterre (Gard).	1.090	sur 100 parties.
Alluvion de l'Ardèche. Saint-Just d'Ardèche..	1.520	—
Limon récent de la Durance................	0.038	—
Nouvelle alluvion d'Ardèche...............	2.610	—

Les alluvions calcaires restent encore dans ces exemples plus pauvres que les alluvions siliceuses de l'Ardèche, et le limon de la Durance en particulier ne présente que des traces de matières organiques. Aussi pour le rendre propre à la culture est-on obligé de l'abandonner pendant un temps très-long à la végétation spontanée dont les débris, par leur accumulation, finissent par donner aux plantes cultivées le fonds nécessaire à leur alimentation. Les engrais seuls seraient insuffisants pendant plusieurs années, à suppléer à l'absence d'un élément qui doit être réparti dans toute la couche arable, et fixé par les hydrates de silice, d'alumine et d'oxyde de fer.

Bien que les matières organiques contenues dans les terres arables soient un élément très-essentiel de leur fertilité, on voit par les exemples mêmes que nous avons rapportés qu'il est en exactement des aliments organiques comme des aliments inorganiques. Sans doute il est un minimum au-dessous duquel le déficit se fait sentir cruellement aux praticiens, et nous pouvons fixer ce minimum dans les environs de 1 pour 100 du poids de la terre arable ; mais au-dessus de ce minimum, si l'abondance des matières organiques assimilables est favorable au développement de la végétation herbacée, il ne paraît pas que les récoltes proprement dites en graines et céréales aient rien à gagner à cet excédant. La surabondance est même positivement nuisible quand les principes alcalins ne sont pas en quantité proportionelle ; on a alors affaire à ce que les agriculteurs ont nommé des *terreaux acides*, et c'est ce danger souvent expérimenté qui, de temps immémorial, a amené la pratique des écobuages dans les défrichements. Sans doute les écobuages influent aussi sur l'état chimique des matières minérales ; mais leur principal effet est, si l'on peut parler ainsi, l'alcalinisation du sol par l'incinération de matières végétales acides réduites par cette opération à leurs bases terreuses et alcalines. Cette pratique, qui est encore quelquefois indiquée, perd de sa généralité par l'emploi des engrais complémentaires alcalins qui rétablissent l'équilibre sans recourir à la destruction d'éléments qui, en temps opportun, peuvent entrer dans la végétation.

Toutefois, dans l'appréciation de la richesse d'un sol, il ne suffit pas évidemment de doser la masse des matières organiques ; il faut encore constater leur état. Le critérium le plus certain dans cette appréciation est la connaissance du rapport entre le dosage de l'azote combiné et celui des matières organiques totales ; si ce rapport est inférieur à 4 pour 100, on est certainement en présence d'un terreau acide ou insoluble, et l'addition d'engrais complémentaires alcalins est positivement indiquée.

Les procédés pour le dosage de l'azote sont exposés avec une grande clarté dans le second volume du *Cours élémentaire* de Regnault, aux pages 444 et suivantes, paragraphes 1217 et 1218. Cependant, comme ces procédés doivent subir des modifications quand on les applique à des terres, au lieu de traiter directement des matières organiques, on juge utile aux chimistes de décrire spécialement le dosage de l'azote engagé à l'état d'alcaloïde par le procédé dû à M. Peligot, en suivant l'ordre et les expressions mêmes de la description de M. Regnault, toutes les fois que la spécialité de l'analyse n'exige pas de changement.

Quand il s'agit d'une terre arable, il importe de traiter un échantillon aussi considérable que peut le comporter la dimension des grands tubes à combustion. On est ainsi conduit à prendre un échantillon de 8 grammes qui doit être desséché à la température ordinaire sous cloche, en présence de l'acide sulfurique concentré, et après avoir été réduit en poudre très-fine. On mêle intimement cet échantillon avec 32 grammes de chaux sodée obtenue en éteignant 2 parties de chaux vive dans une dissolution de 1 partie de soude caustique, desséchant la matière, la broyant et la calcinant dans un creuset de terre. La matière calcinée, pulvérisée de nouveau, est conservée dans un flacon bouché à l'émeri. Le mélange des 8 grammes de terre et des 32 grammes de chaux sodée est opéré aussi parfaitement et aussi rapidement que possible. On place d'abord 10 grammes de chaux sodée au fond du tube à combustion, puis les 40 grammes du mélange, enfin par-dessus 10 grammes de chaux sodée, et pour maintenir le tout un tampon d'amiante ; enfin on réserve un intervalle de 8 centimètres entre le tampon d'amiante et le bouchon qui réunit au tube de combustion l'appareil à boules de Liebig. On a placé dans l'appareil à boules 10 centimètres cubes d'une solution titrée d'acide sulfurique qu'on obtient en mêlant $61^{gr}.250$ d'acide sulfurique monohydraté avec un litre d'eau. 10 centimètres cubes de cette liqueur saturent $0^{gr}.212$ d'ammoniaque qui correspondent à $0^{gr}.175$ d'azote.

Le tube à combustion, avant d'être réuni à l'appareil à boules, a été placé sur un fourneau long qui laisse sortir le tube exactement de la quantité laissée libre par son chargement, et le bouchon est préservé de l'action du feu par un écran qui l'isole du fourneau. On enveloppe alors de charbons allumés la partie antérieure du tube garnie d'une colonne de chaux sodée pure, et quand elle est échauffée, on amène peu à peu le feu jusqu'à l'autre extrémité par l'addition de nouveaux charbons. On se guide, pour la conduite du feu, sur le dégagement du gaz à travers l'appareil à boules, dégagement qui ne doit jamais être tumultueux, ni même assez rapide pour qu'on ne puisse pas compter les bulles. Quand le dégagement a cessé, on casse la pointe du tube à combustion, on aspire doucement par le bout libre de l'appareil à boules, afin de faire passer par l'appareil tout le gaz contenu dans le tube à combustion, et on dégage l'appareil à boules.

Dans cette opération tout l'azote engagé à l'état d'alcaloïde a été converti en ammoniaque par l'action de la chaux sodée, et l'ammoniaque produite s'est combinée avec l'acide sulfurique contenu dans l'appareil à boules et a affaibli son titre d'une quantité correspondante. Il ne s'agit donc plus que de titrer de nouveau la liqueur contenue dans l'appareil. La différence donnera la quantité d'ammoniaque absorbée, et, par un calcul d'équivalents, l'azote. L'évaluation du titre de la liqueur acide se fait au moyen d'une dissolution de chaux caustique dans l'eau sucrée. On détermine par une épreuve le nombre de centimètres cubes de la dissolution sucrée nécessaires pour saturer exactement 10 centimètres cubes de la solution acide normale. Il est facile de faire cette détermination en mettant dans un verre à pied les 10 centimètres de la liqueur acide normale avec un peu de teinture de tournesol, ce qui donne une teinte rose; on verse alors avec une burette graduée le saccharate de chaux, jusqu'à ce que la teinte passe au bleu. Après un premier essai, on recommence l'expérience en ne procédant que goutte à goutte dès qu'on approche de la neutralisation. Une fois la liqueur de saccharate de chaux dosée, on l'étend d'eau distillée, de manière à ce que 100 centimètres cubes de la liqueur sucrée neutralisent exactement les 10 centimètres cubes de la liqueur acide. La liqueur titrée alcaline ainsi préparée, on verse dans un verre-éprouvette le contenu du tube de Liebig qui a reçu les produits du tube à combustion; on y ajoute un peu de teinture de tournesol, et on verse la liqueur alcaline avec précaution, en agitant avec soin jusqu'à ce que la teinte bleue de tournesol reparaisse. Si alors, par exemple, on a employé 73 divisions de la liqueur alcaline, l'ammoniaque produite a saturé 0.27 de l'acide sulfurique de l'appareil à boules, et, comme cet acide pouvait neutraliser l'ammoniaque correspondante à $0^{gr}.175$ d'azote, l'azote contenu dans la terre à l'état d'alcaloïde était exprimé par $0^{gr}.175 \times 0.27 = 0,047$.

En déterminant par ce procédé l'azote contenu dans un terrain de défrichement de la guarigue du Plan-de-Dieu (Vaucluse), et appartenant à M. Meynard, nous avons trouvé pour $0^{gr}.520$ de matières organiques $0^{gr}.016$ d'azote, c'est-à-dire moins de 4 p. 100 de la masse des matières organiques, exactement 0.0325. Un pareil terrain ne peut devenir fertile qu'avec l'addition d'engrais complémentaires alcalins.

On arrête ici l'analyse des sols arables. Sans doute on peut rechercher dans les terrains l'acide sulfurique, l'acide chlorhydrique et le manganèse. On renvoie aux traités généraux de chimie pour cette recherche, qui n'intéresse que très-secondairement la description des terres arables. Du reste, il est facile, avec des lavages soignés et répétés, et en rapprochant les liquides de lavage, de doser l'acide sulfurique par l'eau de baryte après acidification de la liqueur par l'acide azotique dilué pour éviter la précipitation de l'acide phosphorique. Le poids du sulfate de baryte obtenu permet d'apprécier l'importance des sulfates solubles. Le sulfate de chaux est suffisamment soluble dans l'eau distillée pour que sa présence soit ainsi constatée. Quant à l'acide chlorhydrique, on le dose très-exactement au moyen d'une liqueur titrée d'azotate d'argent après la séparation de l'acide sulfurique.

On permettra à l'auteur de terminer cet examen analytique par un encouragement et un conseil. Il ne faut pas se laisser rebuter par les débuts d'une étude de cette nature. Nous avons fait ce que nous avons pu pour éviter les tâtonnements à ceux qui voudraient l'entreprendre, et nous espérons leur avoir ainsi économisé dix années sur notre propre pratique. Cependant, quelque soin que nous ayons pris à ne rien omettre d'essentiel, il faut encore s'attendre à quelques écoles dans l'exécution. Mais les chimistes qui se décideront à continuer notre œuvre sur une échelle vaste et raisonnée, seront amplement payés de leurs peines. La concordance des résultats, leur conformité avec les expérimentations de la pratique, les services immenses rendus tous les jours aux agriculteurs par les renseignements les plus positifs sur la nature et la richesse de leurs terres, et sur les engrais et les amendements qui leur sont les plus nécessaires, les ressources mêmes que les chimistes pourront tirer de leur travail pour l'entretenir et le développer, enfin, et pardessus toutes les satisfactions d'intérêt et d'amour-propre, la conscience d'avoir servi son pays et l'humanité, seront une récompense bien digne de leurs efforts.

QUATRIÈME PARTIE

COMPARAISON DES TERRES ARABLES.

------

§ I. — ÉTABLISSEMENT D'UN TABLEAU-RÉPERTOIRE
DES TERRES ANALYSÉES.

A mesure qu'on complète l'étude physique et chimique d'un sol dans le laboratoire, on l'inscrit avec un numéro d'ordre sur un tableau général semblable au suivant et qui est extrait du journal de laboratoire de l'auteur. Si quelques résultats sont restés incomplets par
suite de circonstances imprévues ou par la nature
même de l'échantillon (qui ne comporte pas l'analyse
physique, par exemple, si c'est une roche), on remplace
le chiffre absent par un guillemet (»); car il faut avoir
grand soin, quand une substance manque dans une
terre, de porter le dosage zéro en chiffres pour éviter
les confusions.

NOTA. — Dans le tableau suivant, les dosages d'acide
phosphorique suivis d'un ? sont faits au bismuth.

NUMÉROS D'ORDRE.	DÉSIGNATION DES TERRES SOUMISES A L'ANALYSE.	ANALYSE PHYSIQUE.		
		Pierres.	Sable.	Argile.
1	Nicolosi, route de Catane à l'Etna. Vigne Gemellara..	3.40	53.30	43.30
2	Pont-du-Château, Limagne d'Auvergne. Terrain basaltique..	16.00	69.70	14.30
3	Vigne de Lacryma-Christi. Descente de Renna (Vésuve).	34.00	59.00	7.00
4	Pæstum (Possidonia), Italie. Terre à garance..........	»	»	»
5	Aréna (Corse)	19.40	59.20	21.40
6	Étang. Orange. Jardins potagers. Marais desséchés....	»	»	»
7	Voreppe (Isère). Terre de M. Durand.................	0.04	75.00	24.96
8	Roville (Meurthe). Bas de la côte amélioré...........	0.20	52.10	47.70
9	Saint-Contest, près Caen (Calvados).................	1.10	65.55	33.35
10	Roville (Meurthe). Vallée...........................	48.50	43.40	8.10
11	Ajaccio (Corse). Pépinières départementales..........	22.50	62.00	15.50
12	Syracuse (Sicile). Vignes. Paëse nuovo	0.00	62.75	37.25
13	Roville (Meurthe). Vallée près de la côte, améliorée...	3.10	87.20	9.70
14	Roville, terrain dolomitique.........................	9.70	24.20	66.10
15	Launac (Hérault). Vigne de M. Henri Marès..........	36.70	55.70	7.60
16	Roville (Meurthe). Terre de la côte. Mathieu de Dombasle..	19.50	43.60	36.90
17	Althen-les-Paluds (Vaucluse). Terrain lacustre........	0.80	47.16	52.04
18	Sable de la Hart (Alsace)	0.00	91.40	8.60
19	Terre de Laboryte. Paulhaguet (Haute-Loire). Gneiss. Comte de Morteuil....................................	25.80	59.50	14.70

ANALYSE CHIMIQUE DE SABLE ET ARGILE.

	PARTIE ATTAQUABLE PAR L'EAU RÉGALE.									PARTIE inattaquable par l'eau régale, calcinée.
Acide phosphorique.	Potasse.	Soude.	Chaux.	Magnésie.	Sesquioxyde de fer.	Alumine.	Eau combinée.	Acide carbonique.	Matières organiques.	
0.620	0.574	0.142	5.762	0.633	8.370	5.410	3.253	4.528	21.448	49.560
0.416	0.280	»	3.853	0.762	12.290	3.040	3.214	3.027	5.390	66.890
0.358	3.470	0.625	2.106	0.779	7.620	9.190	»	»	»	73.370
0.316	»	»	22.065	1.414	8.380	3.900	2.831	18.915	9.183	34.560
0.219	0.294	0.123	0.640	0.709	10.280	2.680	2.738	1.185	8.272	72.760
0.165	0.070	»	28.655	0.481	2.570	1.110	0.850	22.515	8.125	34.930
0.134	0.028	»	12.625	0.887	5.690	1.570	1.592	12.093	3.313	63.250
0.134	0.340	0.114	3.397	2.175	5.020	2.130	1.903	5.028	11.115	67.840
0.120	0.135	»	0.798	0.276	0.625	1.226	0.875	0.931	3.839	89.175
0.102	0.081	0.105	0.127	0.526	1.810	0.750	0.579	0.099	4.716	91.060
0.095	0.186	0.132	0.288	0.609	4.500	2.500	1.162	0.896	5.162	83.970
0.094	0.290	»	1.030	traces.	11.450	6.440	4.300	0.810	11.086	64.500
0.087	0.067	0.114	0.096	0.380	1.830	0.233	0.402	0.075	2.226	94.430
0.087	0.975	0.119	7.616	3.510	9.890	4.130	3.176	9.847	4.850	55.870
0.063	0.053	»	0.825	0.158	3.095	1.862	1.400	0.824	3.755	87.500
0.057	0.179	0.137	0.059	0.525	4.760	2.360	1.649	0.624	5.424	84.170
0.054	0.062	»	49.460	0.505	1.370	0.524	0.428	39.745	1.182	6.660
0.053	0.134	»	14.526	0.638	2.560	0.783	»	12.116	1.080	68.110
0.051	0.263	»	0.085	0.850	5.970	3.200	2.165	1.001	2.345	84.070

NUMÉROS D'ORDRE.	DÉSIGNATION DES TERRES SOUMISES A L'ANALYSE.	ANALYSE PHYSIQUE.		
		Pierres.	Sable.	Argile.
20	Vignes de Chigny, à M. Forel. Morges, Vaud (Suisse)..	19.00	47.00	34.00
21	Vignes de Chuselan (Gard). Terrain subapennin.......	19.05	56.70	24.25
22	Vignes de Coucourdon (Orange). Argile tertiaire......	0.00	53.75	46.25
23	Bois de Châtaigniers. Touctet, Montreux (Suisse)......	5.30	49.70	46.00
24	Annonay. Gondras nord. Terre granitique............	»	»	»
25	Bordelet (Ardèche, Saint-Just.. Alluvion de l'Ardèche.	0.00	84.40	15.60
26	Laboryte. Paulhaguet (Haute-Loire). Roche de gneiss...	»	»	»
27	Terrain salant. Camargue (Bouches-du-Rhône)........	»	44.60	55.40
28	Vélage (Vaucluse). Diluvium tertiaire................	15.00	60.35	24.65
29	Sérignan (Vaucluse). Argile tertiaire................	»	7.65	82.35
30	Diot de Bellevue (Genève). Argile glaciaire..........	»	»	»
31	Changy-les-Bois (Loiret). Marne....................	»	»	»
32	Mourre-Rouge (Orange). Argile plastique de grès vert.	0.00	44.33	55.67
33	Bolbène. Vigne de Chélan (Gers)...................	0.00	47.85	52.15
34	Chézy, près Issoire (Puy-de-Dôme). Comte de Matharel.	54.50	34.90	10.60
35	Le même. Sous-sol de gneiss......................	»	»	»
36	Terre de l'île de Godolet (Gard). Alluvion du Rhône...	0.00	58.85	41.15
37	Terre à blé, limite ouest de Rougetty. Pomerol, Tarascon-sur-Rhône...................................	0.00	55.38	44.62
38	La Charnéa (Haute-Savoie). M. Henri de Saussure. Argile glaciaire....................................	0.00	1.57	98.425
39	Prés de Grenouillet. Orange (Vaucluse)..............	3.10	72.00	24.90

ANALYSE CHIMIQUE DE SABLE ET ARGILE.

	PARTIE ATTAQUABLE PAR L'EAU RÉGALE.									PARTIE
Acide phosphorique.	Potasse.	Sonde.	Chaux.	Magnésie.	Sesquioxyde de fer.	Alumine.	Eau combinée.	Acide carbonique.	Matières organiques.	inattaquable par l'eau régale calcinée.
0.093	0.246	»	2.652	1.247	4.540	3.482	2.013	3.456	2.151	80.126
0.047	0.153	»	17.164	0.100	2.380	2.790	1.393	13.596	2.497	59.880
0.045	0.194	»	20.698	0.137	4.840	2.600	1.757	16.413	4.996	48.270
0.041	0.036	»	0.157	0.280	5.350	2.940	1.965	0.450	6.071	82.660
0.037	0.250	»	0.000	0.214	3.670	2.468	1.520	0.236	2.245	89.360
0.032	0.190	»	9.862	0.871	5.870	3.258	"	8.707	»	68.600
0.044	0.693	»	0.161	1.341	8.010	4.420	2.946	1.601	0.719	80.060
0.032	0.405	1.440	17.500	0.590	3.915	1.968	1.355	»	»	55.175
0.112?	0.347	»	1.813	0.443	5.750	5.088	2.605	1.903	5.197	76.722
0.048	0.232	»	31.475	0.207	5.885	2.017	»	24.958	»	35.560
0.058	0.254	»	15.940	0.181	10.840	1.652	3.285	12.704	1.351	53.715
0.095?	0.121	»	33.086	0.238	3.676	1.385	1.109	26.249	18.441	15.590
025?	0.029	»	0.185	0.155	0.610	0.435	0.260	0.315	2.520	95.465
028?	0.024	»	0.000	0.133	1.575	1.227	0.700	0.148	3.365	92.800
052	0.621	»	traces.	0.263	6.820	2.745	2.120	0.293	3.286	83.800
»	0.612	»	0.019	0.406	7.280	2.450	0.575	»	0.575	86.520
049?	0.063	»	12.264	0.447	4.530	1.070	1.167	9.419	5.601	65.390
061?	0.056	»	19.606	0.457	2.850	traces.	0.499	15.907	4.914	55.650
145?	0.288	»	21.420	0.635	4.900	3.220	1.964	17.531	1.336	48.561
040?	0.129	»	24.626	0.164	3.825	1.610	1.230	19.530	8.721	40.125

NUMÉROS D'ORDRE.	DÉSIGNATION DES TERRES SOUMISES A L'ANALYSE.	ANALYSE PHYSIQUE.		
		Pierres.	Sable.	Argile.
40	Olivette au couchant de l'allée des Pins. Pomerol (Tarascon-sur-Rhône). Diluvium récent..............	35.65	57.51	6.84
41	Olivette du levant de Pomerol. Bonne partie.........	18.00	67.00	15.00
42	Olivette du levant du parc. Bonne partie.............	16.50	68.55	14.95
43	Olivette au couchant du parc. Mauvaise partie.......	26.80	55.80	17.40
44	Olivette au couchant du parc. Bonne partie..........	21.50	62.15	16.35
45	Olivette de la Grande-Merluche, amont. Tarascon.....	25.60	58.60	15.80
46	Olivette de la Petite-Merluche, aval................	26.50	56.30	17.20
47	Olivette de Rougetty	25.00	61.30	13.70
48	Olivette du Petit-Mont-Blanc, Tarascon-sur-Rhône. Bonne partie..................................	49.40	41.30	9.30
49	Olivette du Petit-Mont-Blanc. Partie sans profondeur......................................	27.20	61.55	11.25
50	Olivette à l'est du village. Maussana (Bouches-du-Rhône).....................................	36.50	47.15	16.35
51	Vigne de M. Fabre de Monteberon, n° 1 (Montpellier).	34.00	42.25	23.75
52	— — n° 2	2.80	57.75	39.45
53	— — n° 3	8.90	62.30	28.80
54	— — n° 4	1.30	74.70	24.00
55	Vigne de Launac (Hérault). M. Henri Marès. La Vinasse.	11.20	74.80	14.00
56	— — Garigue ...	35.20	53.60	11.20
57	— Terre de Bon-Champ......	3.44	81.54	15.02
58	— Aramons du Jardin........	14.40	67.90	17.70
59	Vigne de Lunel (Hérault). Grand produit, 250 hectol..	7.00	63.60	29.40
60	— Bon produit, 150 —	8.85	67.40	23.75
61	Vieille vigne de Rougetty. Pomerol (Tarascon-sur-Rhône).....................................	0.00	65.94	34.06
62	Jeune vigne de Rougetty. Pomerol	»	»	»
63	Vigne de Fauxbourgette. Pomerol...,.............	0.00	28.30	71.70

ANALYSE CHIMIQUE DE SABLE ET ARGILE.

Acide phosphorique.	Potasse.	Soude.	Carbonate de chaux.	Carbonate de magnésie.	Sesquioxyde de fer.	Alumine.	Eau combinée.	Acide carbonique.	Matières organiques.	PARTIE inattaquable par l'eau régale calcinée.
0.039?	0.031	»	37.485	0.105	2.515	0.220	0.517		1.248	57.840
0.067?	0.041	»	29.610	0.930	2.010	0.670	0.375		2.517	63.780
0.077?	0.034	»	61.590	0.270	2.150	traces.	0.387		0.982	34.510
0.012?	0.017	»	64.230	0.150	1.717	0.120	0.341		1.480	31.940
0.057?	0.031	»	61.520	0.640	2.030	traces.	0.355		3.737	31.630
0.017?	0.025	»	35.300	0.213	3.110	0.035	0.556		1.674	59.070
0.072?	0.036	»	30.510	0.170	2.250	traces.	0.394		3.858	62.710
0.046?	0.007	»	30.290	0.160	2.950	0.450	0.556		2.671	62.870
0.091?	0.022	»	17.130	0.460	2.100	0.630	0.587	Compté avec les carbonates.	3.980	75.000
0.097?	0.039	»	22.610	0.790	2.020	1.110	0.742		1.822	70.770
0.021?	0.017	»	28.700	0.180	3.680	0.390	0.785		5.297	60.900
0.025	0.168	0.026	12.680	0.677	4.370	2.448	1.625		3.464	74.410
0.025	0.220	0.016	12.960	0.800	4.020	4.035	2.101		3.443	72.300
0.025	0.158	0.664	11.190	0.300	4.830	2.750	1.808		3.175	73.670
0.025	0.158	0.026	2.535	0.467	3.070	1.945	1.225		3.329	87.160
0.068	0.200	»	2.410	0.630	3.340	2.732	1.548		3.312	85.730
0.063	0.215	»	0.854	0.849	5.540	4.710	2.618		11.524	73.600
»	0.095	»	0.340	0.430	2.790	1.790	1.100		3.810	89.540
»	0.201	»	1.506	0.664	3.500	2.720	1.547		4.212	85.650
»	0.167	»	28.750	0.501	5.035	2.806	1.837		4.480	56.320
»	0.134	»	1.322	0.557	4.205	3.440	1.940		5.742	82.560
0.058?	0.062	»	32.416	1.180	2.980	1.230	0.951		5.369	55.760
0.046?	0.078	»	30.700	0.170	6.310	1.080	1.502		8.474	51.640
0.042?	0.107	»	37.110	0.480	4.780	1.400	1.200		7.841	47.040

PARTIE ATTAQUABLE PAR L'EAU RÉGALE.

10

Ce tableau formé, il faut en tirer une description ferme et précise du sol représenté par un numéro quelconque, description qui soit aussi claire et aussi frappante pour l'agriculteur que pour l'agronome, et qui ne permette de le confondre avec aucun autre. C'est sur des exemples qu'il faut établir la méthode.

§ II. — EXEMPLES DE L'ASSIGNATION DE LA VALEUR DES TERRES D'APRÈS LES RÉSULTATS DES ANALYSES.

N° 1. Cette terre, boue volcanique, de Nicolosi en Sicile, sur la route de Catane à l'Etna, appartenant au savant M. Gemellara de Catane, est l'exemple le plus remarquable d'une richesse excessive en éléments solubles minéraux et organiques. Elles ne contient que 3.40 p. 100 d'éléments pierreux. Donc, sous ce rapport, sa richesse est très-près du maximum; en effet, le maximum étant cent, elle est cotée 96,60. La proportion impalpable est exprimée par $\dfrac{43.30}{96.60} = 44.82$. Elle constituerait donc un terrain compact, et comme la chaux n'entre que pour 5.762 dans sa composition, on aurait affaire à un terrain continu et mobile qui serait, dans les sécheresses, d'une ténacité excessive, si les matières organiques n'entraient pas pour la proportion énorme de 21.448 p. 100 dans la partie impalpable. Il ne reste donc que 23.37 p. 100 d'impalpable minéral, et nous avons affaire à une terre franche argilo-siliceuse humifère. Mais si, par suite de la culture, si aujourd'hui même cette terre, recueillie en 1840, a perdu dans ces

trente-deux années la plus grande partie de son humus,
elle est devenue une terre franche ordinaire, plus tenace
cependant que l'analyse physique seule ne l'indiquerait,
parce qu'elle contient plus de 5 p. 100 d'hydrate d'a-
lumine, proportion fort supérieure à la moyenne.

On remarquera le dosage en acide phosphorique supérieur à 6 millièmes, tandis que le dosage ordinaire
d'un terrain bien doté est de 1 millième au plus; le
dosage en potasse attaquable, qui est de 5 millièmes
trois quarts, tandis qu'un dosage de 1 millième et demi
est ordinairement très-satisfaisant. Cette terre peut donc
supporter sans engrais et sans amendement, grâce à sa
riche provision de matières organiques, des cultures
très-épuisantes, et si l'on ajoute que la chaux est dans
la plus heureuse proportion, et que l'abondance des
hydrates de fer et d'alumine empêche la déperdition
trop rapide des principes alcalins et organiques, on aura
dans le laboratoire même l'idée d'une richesse foncière
très-considérable.

N° 2. Ce terrain appartient à une formation volcanique
ancienne caractérisée par les basaltes; il fait partie de
la Limagne d'Auvergne, célèbre pour sa fertilité. La
proportion pierreuse est de 16 p. 100; sa cote relativement au maximum est donc 84. La partie impalpable
est relativement à 100 parties (sable et argile)
$\frac{1,430}{84} = 17$. Nous avons donc affaire à un sol discontinu
ou léger silico-ocreux, puisque la proportion de sesquioxyde de fer attaquable (plus de 12 p. 100) est la plus
considérable de tout le tableau. Remarquons, en pas-

sant, que cette quantité de sesquioxyde de fer, très-favorable à l'entretien de la fertilité, ne nuit en rien aux cultures, contrairement à des opinions basées sur des faits mal observés. La provision d'acide phosphorique attaquable est encore ici quadruple d'une bonne moyenne et celle de potasse attaquable à peu près double; enfin le dosage des matières organiques indique un état de prospérité. Il n'est pas nécessaire de voir les cultures pour assigner à ce terrain un rang très-élevé.

N° 3. L'analyse donnée par le tableau présente des lacunes; le mode de combinaison des bases n'a pas été déterminé, ce qui rend impossible d'apprécier le dosage réel des matières organiques, qui sont du reste en quantité minime. Ce sol volcanique est un amas de cendres et de lapilli du Vésuve formant le terrain le plus discontinu possible, ce qui est un avantage pour la culture des vignes, mais ce qui serait un obstacle sérieux aux récoltes annuelles. La richesse minérale est énorme. La potasse attaquable y entre pour vingt fois un dosage normal, et la soude pour plus de 6 millièmes, ce qui est tout à fait exceptionnel. L'alumine, comme il arrive souvent dans les terrain grillés, y est très-soluble; le grillage semble avoir amené la dissociation d'un sel d'alumine. La proportion d'acide phosphorique est encore ici 3 fois et demi le dosage ordinaire. Il faut remarquer que ce sont les trois terrains volcaniques qui donnent le plus fort dosage en acide phosphorique. Quelle est la cause de cette richesse? Il est permis de penser que, dans le laboratoire intérieur des volcans, les acides volatils, tels que l'acide chlorhydrique, sont

COMPARAISON DES TERRES ARABLES.

expulsés à l'état de vapeurs et que les acides fixes sont
conservés. Dans ce triage, qui s'exerce sur des masses
salines considérables, il y a concentration de l'acide phosphorique, que nous voyons réparti en petite proportion
dans toutes les roches et dans toutes les dissolutions
salines ; les produits de cette concentration se retrouvent dans les terrains volcaniques ; et comme ces terrains sont relativement récents, les dissolvants n'ont pu
les appauvrir.

N° 4. L'analyse physique du n° 4 n'a pas été faite ;
c'est une terre argilo-calcaire très-forte, qui demande
trente journées d'homme pour l'arrachage à la bêche
d'un hectare de garances à la profondeur de 50 centimètres, soit environ 20 centimes pour la fouille d'un
mètre cube. Nous la notons en passant, à cause de son
dosage en acide phosphorique (plus de trois millièmes), qui montre la richesse particulière de ces fonds
paludéens. Cette richesse est attestée aussi par le
fort dosage des matières organiques.

N° 5. Ce sol contient 19.40 p. 100 de pierres ; il est
donc coté, sous ce rapport, 80.60, et la partie impalpable, sur le lot sable et argile, est représentée par
$\frac{2,140}{80.60} = 26.55$ p. 100. C'est donc une terre franche argilo-siliceuse, ne contenant que 1 p. 100 de carbonate
de chaux, et plus riche en magnésie qu'en chaux ; mais
le dosage de l'acide phosphorique et celui de la potasse
attaquable, doubles du dosage normal, la forte proportion de sesquioxyde de fer, et l'abondance des matières organiques (plus de 8 p. 100), suffisent à carac-

tériser ce terrain comme très-fertile, facile à cultiver, offrant un appui convenable aux plantes, et conservant les engrais.

N° 6. L'analyse physique de ce sol manque; c'est un marais desséché, cultivé en jardins et riche encore en principes organiques, quoique fortement calcaire, ce qui tient à sa formation spéciale et à la nature des cultures. Nous le notons en passant, à cause de sa richesse relative en acide phosphorique, qui ne doit pas être attribuée aux engrais très-parcimonieusement apportés, mais bien à la nature paludéenne du sol.

N° 7. C'est une terre de Voreppe, appartenant à M. Durand. Elle est sablonneuse et sans pierres. Le dosage de la partie impalpable est de 25 p. 100. C'est donc un terrain discontinu, mais placé par sa proportion d'argile dans cette moyenne (de 20 à 30 d'argile) qui caractérise les terres franches, heureuse expression des praticiens indiquant à la fois l'affranchissement de toutes les servitudes les plus onéreuses à l'agriculture, l'excès d'humidité, l'excès de sécheresse, l'excès de ténacité. C'est une terre franche assez calcaire, puisqu'elle contient plus de 12 p. 100 de chaux, c'est-à-dire près de 25 p. 100 de carbonate de chaux; mais là encore elle reste dans les limites qui empêchent la continuité entre les parties calcaires, et échappe ainsi aux inconvénients des sols immobiles, qui sont caractérisés par au moins 29 p. 100 de carbonate de chaux. Ce terrain, qui contient un fort dosage d'acide phosphorique (13 dix-millièmes), ne laisserait rien à désirer s'il n'était pas pauvre en potasse attaquable; il en contient cinq fois moins que la proportion normale d'un sol fertile. Le propriétaire de ce terrain a donc grand intérêt à pourvoir à ce déficit par ses engrais.

N° 8. Ce sol fait partie d'une série d'échantillons envoyés par Mathieu de Dombasle au comte de Gasparin, et que l'auteur de ce Traité s'est fait un devoir d'analyser tous avec la plus scrupuleuse attention, par respect pour des noms chers aux amis de l'agriculture. Ce terrain, situé au bas de la côte, est argilo-siliceux; la proportion du lot impalpable est de 48 p. 100, et il ne contient que 3.40 de carbonate de chaux. C'est donc un sol compact, tenace et mobile, c'est-à-dire tenace dans les sécheresses, et variant de volume sous l'action de l'humidité. Il est richement doté en acide phosphorique (13 dix-millièmes) et en potasse (34 dix-millièmes). Son dosage en magnésie indique l'origine de la chaux qu'il contient; ces deux terres alcalines sont des débris dolomitiques. La proportion de matières organiques y est très-forte, 11 p. 100. C'est évidemment un terrain qui présente de grandes ressources, si on dirige la culture de manière à l'aérer et à le préserver de l'excès de l'humidité. Les cultures profondes et le drainage sont indiqués.

N° 9. Saint-Contest (Calvados). Terre d'une grande profondeur et qui présente un exemple remarquable de l'influence des sesquioxydes sur la ténacité. En effet, par son dosage en partie impalpable (34 p. 100), la terre de Saint-Contest serait naturellement classée parmi les sols compacts, tenaces et mobiles; mais il est siliceux au lieu d'être argilo-siliceux. La partie impalpable ne

contient que 2 p. 100 de sesquioxyde de fer et d'alumine, tandis que les terres fortes ordinaires en contiennent au moins 7 p. 100, comme la terre de Roville,
que l'on vient d'examiner, et quelquefois davantage.
Il en résulte que le ciment (hydrates d'oxyde de fer et
d'alumine), qui réalise la ténacité, fait défaut, et que la
terre de Saint-Contest reste souple et, malgré son dosage en parties impalpables, est classée par les praticiens parmi les terres franches. Dans ces conditions,
l'état de division des parties composantes est un avantage de plus, et comme la position de Saint-Contest aux
portes de Caen permet des emplois abondants d'engrais,
la culture de cette ferme est une des plus riches du
Calvados. Il est évident pour l'agronome, que le dosage
de l'acide phosphorique et de la potasse dans un terrain
exploité sur une pareille base, est sans intérêt. Sa richesse, qui est à peu près la moyenne désirable, peut
aussi bien être une richesse d'entretien qu'une richesse
naturelle. Il est facile de voir pourtant l'importance de
la détermination de tous les éléments pour caractériser un terrain; car on se serait gravement mépris sur
les qualités du sol de Saint-Contest, si on n'avait pas
dosé les sesquioxydes et comparé ce dosage à celui des
terrains qui ont la même constitution physique quant
à la division des parties.

N° 10. C'est encore un sol de Roville, mais dans la
vallée, et qui présente l'aspect d'un sable pierreux. En
effet, ce terrain contient 48.50 p. 100 de pierres; il est
donc coté, quant à sa valeur sous ce rapport, 51.50, et
comme les dosages de l'analyse chimique se rapportent

à 100 parties du terrain, distraction faite des pierres, pour se faire une juste idée de sa richesse, il faut multiplier les résultats par le coefficient 0.515. L'acide phosphorique se trouve ainsi réduit à 0.052 et la potasse à 0.042. C'est donc un sol pauvre, et dont la nature physique ne permet guère l'amélioration. Un sol pareil, s'il a du fond, doit être abandonné à l'exploitation forestière. Cet exemple fait voir l'absolue nécessité de join dre l'analyse physique à l'analyse chimique ; en effet, l'analyse chimique seule indiquait une fertilité assez satisfaisante, si les chiffres des aliments minéraux et organiques n'étaient pas réduits à moitié, en raison de la constitution physique.

N° 11. La pépinière départementale d'Ajaccio est encore un sol discontinu, coté 77.50 en raison du lot pierreux, et contenant seulement 20 p. 100 de parties impalpables dans les lots réunis, sable et argile. Il ne contient que 5 millièmes de chaux et doit être classé parmi les sols siliceux. Il serait très-propice à la culture de la vigne. Les dosages de son analyse doivent être réduits au coefficient 0.775, en raison de la partie pierreuse. L'acide phosphorique est ainsi réduit à 0.074, et la potasse à 0.144 ; ce dosage, qui est celui d'une fertilité moyenne, est encore supérieur à celui de la plupart des sols arables dont la production ne peut se soutenir qu'au moyen des engrais. Bien que pauvre en matières organiques et en sesquioxydes, ce terrain se prêterait très-bien à une riche production.

N° 12. Ce sol est très-remarquable par son extrême ténacité dans les sécheresses ; il a l'apparence, comme le n° 1, d'une boue volcanique; mais la composition de ces terres à vigne de Syracuse est bien différente de celle des terres à vigne de Nicolosi. Le n° 12 ne contient que des traces de magnésie attaquable, tandis que le n° 1 en contient plus de 6 millièmes; les matières organiques encore très-abondantes, puisque leur proportion est de 11 p. 100, ne sont que moitié de celles contenues dans la vigne Gemellara. Le caractère dominant de ce terrain est l'énorme proportion de sesquioxydes, 18 p. 100 du poids de la terre, et l'alumine seule entre pour 6.44 p. 100 dans ce total. C'est là l'explication naturelle de la ténacité d'un sol qui, par son analyse physique et la faible proportion de la chaux, est compacte, tenace et mobile (argilo-siliceux). Du reste, ce sol du Paëse nuovo de Syracuse est fertile; indépendamment de sa richesse en matières organiques retenues par les sesquioxydes, il contient 1 p. 100 de chaux, 0.094 d'acide phosphorique, et 0.290 de potasse attaquables. C'est la moyenne de fertilité pour l'acide phosphorique et le double de la moyenne pour la potasse.

N° 13. Ce terrain appartient encore à la vallée de Roville. Si on le compare au n° 10 examiné plus haut, on n'aperçoit pas dans l'analyse chimique de différence essentielle entre les deux échantillons. Le n° 13 serait même un peu plus pauvre en acide phosphorique, en potasse et en chaux. Et cependant le n° 13 supporte la culture. L'analyste, en se reportant à l'analyse physique, voit tout de suite que la différence résulte en entier de la proportion des fragments pierreux, en sorte que la petite différence de richesse à l'avantage du n° 10 se change en une grande différence à l'avantage du n° 13, par l'application des coefficients de la terre, 0.515 pour le n° 10, 0.969 pour le n° 13. Toutefois la production ne peut être entretenue dans cette portion améliorée de la vallée que par des apports réguliers et abondants d'engrais.

N° 14. Ce terrain de Roville est dolomitique, en ce sens qu'il entre dans sa composition environ 21 p. 100 de particules dolomitiques. Son examen présente de l'intérêt, parce qu'on a longtemps attribué son infécondité à la présence de la magnésie, d'où, concluant du particulier au général, on a considéré la présence de la magnésie au delà d'une certaine proportion, comme stérilisant le sol. Il est impossible de trancher dès à présent cette question, faute de données assez nombreuses et assez précises. Cependant rien dans les études chimiques des terrains et de leurs produits ne permet d'admettre cette opinion, qui reste à l'état de préjugé. La magnésie existe dans tous les terrains, plus abondante que la chaux dans la plupart des terres siliceuses; et des sols très-fertiles en contiennent une proportion au-dessus de la moyenne. Enfin, elle entre dans la composition normale des récoltes, notamment des céréales. Quant aux terrains dolomitiques proprement dits, il serait téméraire d'attribuer spécialement à la magnésie l'infertilité constatée de certains d'entre eux. En particulier, le terrain n° 14 serait stérile avec ou sans magnésie; la proportion énorme de la partie impalpable 73 p. 100 sur le lot sable et argile, cimentée par 14 p. 100 de sesquioxydes, suffit pour faire sortir ce terrain de la classe des sols arables pour le placer dans les argiles les plus tenaces. Mais ce sol incultivable contient près de 1 p. 100 de potasse attaquable. Il pourrait donc être utilisé avec grand profit pour l'amendement des terres de la vallée, après une pulvérisation grossière, et en le répandant pendant les sécheresses. Cette pauvreté de Roville peut devenir une richesse.

N° 15. Cette terre de Launac, dans l'Hérault, appartenant à M. Marès, est placée là comme un exemple de la véritable terre à vignes, peu propre à toute autre culture. La proportion des pierres lui donne pour coefficient 0.623, et la proportion impalpable sur le lot sable et argile est de 10 p. 100 seulement, soit $\dfrac{7,060}{623}$.

On a donc affaire à un sol pierreux et discontinu très-pauvre. En effet, en multipliant les cotes de l'analyse par 0.623, on trouve pour l'acide phosphorique 0.039 p. 100, pour la potasse 0.033 p. 100, pour la chaux 0.514 p. 100, pour les matières organiques 2.34 p. 100. La chaux seule est en quantité suffisante. Évidemment dans un pareil terrain la vigne ne peut être nourrie que par les apports annuels d'engrais au pied de la souche, exactement comme on nourrit un bœuf à l'étable. Mais, à côté de cette nécessité agricole, quelle heureuse constitution physique du sol pour l'aération et la fraîcheur des racines, tandis que, dans un sol compacte, la vie se concentre près de la surface cultivée et est soumise par conséquent à toutes les vicissitudes.

N° 16. C'est une terre de Roville, de la côte, argilo-siliceuse, mais rentrant par les proportions de ses parties constituantes dans la classe des terres fortes pouvant être cultivées avec avantage. La proportion du lot pierreux, 19.50, lui donne la cote 80.50. Elle contient, dans le lot sable et argile, 46 p. 100 d'argile contre 54 p. 100 de sable. C'est donc un sol continu, très-tenace et mobile sous l'action de l'humidité. Quand la proportion d'argile dépasse 50 p. 100, on sort des terres cultivables. Ce terrain est très-pauvre en chaux et en acide phosphorique. L'emploi des phosphates de chaux y est donc naturellement indiqué.

N° 17. Ce terrain, qui est le type de cette belle plaine du Comtat-Venaissin où se récolte la qualité de garances qu'on appelle *paluds*, est, en effet, un véritable marais desséché, et tout le sol appartient à une formation lacustre. Il a l'apparence de la cendre pendant les sécheresses, et pourtant c'est un sol compacte, puisque le lot impalpable dépasse la moitié du poids de la terre ; mais ce lot impalpable est composé presque exclusivement de carbonate de chaux qui entre pour plus de 88 p. 100 dans sa composition, accompagné de 1 p. 100 de carbonate de magnésie. Les matières organiques, très-solubles pour le peu qui reste, et fort abondantes à l'origine de la culture, ont été rapidement consommées sous l'action des éléments calcaires, de la culture et des engrais concentrés. Le sol paraît, aux yeux des agriculteurs du nord de la France, une véritable marne, bonne pour amender les sols siliceux, mais impropre à la culture. Et cependant ce sol porte les produits les plus variés et se loue plus de 300 francs par hectare, non pas sur un point déterminé, mais sur toute l'étendue du bassin. Pour l'agrologue, au contraire, ce terrain est, en quelque sorte, une de ces expériences magistrales comme celles d'Ampère pour la théorie de l'électricité dynamique, qui livrent la clef de la véritable théorie des propriétés générales des sols arables. Il faut ici préciser. D'abord, ce sol est compacte ou continu au plus haut degré, puisque la partie impalpable domine. Bien que continu, il est souple et friable, parce que le ciment des hydrates de sesquioxydes et l'élément siliceux sont en proportion minime. La prédominance de l'élément calcaire rend le terrain immobile, c'est-à-dire invariable de volume sous l'action de l'humidité. Par contre, ce terrain doit évaporer l'eau qu'il contient avec une rapidité excessive, à cause des propriétés du carbonate de chaux. Cette rapidité d'évaporation est surexcitée par la violence des vents du nord, la sécheresse et la chaleur excessive du climat. Enfin, les engrais naturels ou importés doivent être dissipés avec une rapidité égale par l'influence réunie de toutes ces causes. Voilà donc un terrain voué en apparence à une stérilité irrémédiable et n'offrant d'autre avantage au cultivateur que la faculté avec laquelle les instruments le pénètrent. A ces conditions joignez une nappe d'eau souterraine arrêtée au niveau du dessèchement et située de 1 à 2 mètres au-dessous de la surface, tout change d'aspect ; la capillarité, par son énergie même, entretient une fraîcheur constante dans le sol ; les engrais apportés sont rapidement mis à la disposition des plantes par ce mouvement de l'humidité et l'action du calcaire : le praticien apprend bientôt les conditions, toujours les mêmes, de la durée et de l'énergie de leur action; il attire à lui les engrais commerciaux et devient le grand consommateur des résidus des huileries de Marseille; les travaux ne demandant l'emploi que d'une force médiocre, il peut fonder ses rotations sur les cultures profondes et les produits industriels; et, dès qu'il a pu joindre à son exploitation le capital de roulement nécessaire (capital de roulement moins considérable qu'on ne pourrait le supposer, parce qu'il est recouvré aussi rapidement qu'il est dépensé), l'avenir est assuré pour lui, et il n'éprouve d'autres émotions que les variations du prix des garances. Toutefois, les garances ne peuvent pas revenir constamment sur le même sol; le blé, l'avoine, la luzerne lui succèdent en donnant de très-beaux produits. C'est une véritable culture intensive, et on le voit, la culture intensive peut s'accommoder de sols bien différents, des terres franches ou des terres fortes de la Flandre, de la Normandie ou de la Beauce; elle ne demande que l'assiette de la culture, la pénétrabilité du sol et le mouvement de l'humidité. Elle peut, en variant ses pratiques, demander tout le reste à l'industrie humaine. Mais l'agronome ne doit pas oublier que la culture intensive est la grande exception, et cela fatalement. Pour la culture extensive, les qualités propres du sol, sa richesse en aliments des plantes, reprennent toute leur importance. Si donc l'analyse agrologique éclaire les causes essentielles du succès de telle ou telle entreprise agricole, elle s'adresse surtout à cette foule d'agriculteurs qui, en réalité, nourrissent le genre humain avec des efforts constants et répétés, et qui demandent

à chaque sol ce qu'il peut donner à l'homme en échange
de son travail et avec les secours extérieurs d'un bien
mince capital. Il ne faut donc pas compromettre ce
capital, et il faut éviter les doubles emplois. Signaler le
double emploi, voilà la mission de l'agrologue.

Le terrain qui nous occupe, sol continu, immobile et
friable, est pauvre dans tous ses éléments, sauf la chaux
et la magnésie. Peu d'acide phosphorique, peu de potasse,
peu de matières organiques. Tout doit donc être apporté; mais ceux qui l'exploitent ont pu s'apercevoir,
après avoir consommé les réserves organiques palu-
déennes, que les engrais concentrés, tels que les tourteaux, ne pouvaient plus suffire; l'équilibre entre les
matières calcaires, l'acide phosphorique et les composés ternaires, se trouvait rompu par le défaut de ces
derniers, et il a fallu couper largement les engrais
de tourteaux par des engrais pailleux. Les agronomes
avaient signalé d'avance cette perspective aux praticiens. Il est probable que les praticiens, convaincus
aujourd'hui par leur propre expérience, ont oublié l'avis
des agronomes.

N° 18. Le sol sablonneux de la forêt de la Hart, en
Alsace, est bien connu des ingénieurs par ses propriétés
physiques. La forme irrégulière des particules et une
proportion de 25 p. 100 de carbonate de chaux rendent
cette terre éminemment propre à étancher les voies d'eau
qui se manifestent dans les canaux artificiels, et nous l'a-
vons employée nous-même avec succès sur une grande
échelle et sous la direction de feu M. Corne, pour aveu-
gler les fuites du canal du Rhône au Rhin dans les bran-

ches latérales au Doubs. Il constitue un sol très-discon-
tinu, puisqu'il ne contient pas 9 p. 100 de parties impalpables. Il retient 0.053 d'acide phosphorique et 0.134 de
potasse. Il est donc sinon fertile, au moins égal pour la
richesse minérale à la plus grande partie des sols cultivés. Son dosage en carbonate de chaux explique sa pauvreté en matières organiques. Sa définition agrologique
est sol discontinu, sable silico-calcaire.

N° 19. Ici l'on a affaire à un terrain primitif formé
de débris de gneiss, et d'un défrichement déjà ancien.
C'est la terre de la Garde, du domaine de Laboryte,
appartenant à M. le comte de Morteuil. Les pierres entrent pour 25.80 p. 100 dans sa composition; il est
donc coté, sous ce rapport, 74.20. La partie impalpable est, relativement au lot réuni, sable et argile,
$\dfrac{1,470}{74.20} = 20$ p. 100 à très-peu près. On a donc affaire à
un terrain discontinu, abordant exactement la limite qui
sépare les terres légères des terres franches. Cette
terre, dépouillée déjà d'une grande partie de la potasse
attaquable contenue dans la roche qui l'a formée, en
retient encore 0.263 p. 100, sans compter des réserves
considérables qui se trouvent dans la partie inattaquable dans le laboratoire par le procédé d'analyse,
mais dont la décomposition graduelle est l'affaire du
temps; c'est donc un sol riche en potasse. Il n'est pas
non plus dépourvu d'acide phosphorique, puisqu'il en
retient 0.051 p. 100 dans le lot sable et argile, soit
0.378 p. 100 dans l'ensemble de la terre. Ce n'est pas
un fort dosage, et sans des engrais abondants on

11

ne pourrait tenter, dans une pareille terre, de bien riches cultures. Cependant, n'est-il pas remarquable que toutes les roches, le gneiss, comme le micaschiste et le granite, et, à un bien plus haut degré, les basaltes, retiennent toutes une certaine proportion d'acide phosphorique? La terre de Laboryte nous en donnerait encore dans la couche arable 150 grammes par mètre carré, et 1,500 kilogrammes par hectare. Les roches granitiques nous donnent à très-peu près le même dosage. Les terrains basaltiques donnent plus de 15,000 kilogrammes par hectare, et nous avons vu des boues volcaniques de l'Etna nous en donner 24,000 kilogrammes. Enfin, si des roches ignées nous revenons aux terres argilo-siliceuses, nous trouvons dans le sol vierge de la côte de Roville 1,800 kilogrammes d'acide phosphorique attaquable par hectare, et dans les terres argilo-calcaires, diot vierge de Bellevue à Genève, 2,300 kilogrammes par hectare; enfin, dans le sable calcaire de la Hart, 2,000 kilogrammes environ par hectare. Cette proportion de 2,000 kilogrammes est la plus ordinaire dans les sols arables. Sans s'arrêter aux hypothèses sur l'origine des phosphates naturels, l'agronome peut admirer cette disposition de la Providence, qui a placé dans toutes les formations sans exception les éléments nécessaires à la vie organique. Le terrain que nous examinons contient 0.085 de chaux; la roche de gneiss primitive du n° 26 du tableau en contient 0.161; la culture a donc appauvri le sol de moitié comme elle l'avait appauvri des deux tiers pour la potasse attaquable. Il est néanmoins bien plus urgent de pourvoir au remplacement de la chaux qu'à celui de la potasse dans les amendements du sol; mais il ne faut pas oublier ce que l'on oublie trop souvent, c'est que l'apport de la chaux augmente la consommation des matières organiques, et qu'une richesse d'un moment peut amener une longue pauvreté.

N° 20. Cette vigne, située près de Morges, appartient à une moraine de l'époque glaciaire, et les pierres qui entrent pour 19 p. 100 dans la constitution du sol semblent une série d'échantillons minéralogiques. L'argile très-tenace qui les enveloppe, et qui contient 42 p. 100 de parties impalpables, offre un avantage inappréciable pour la culture de la vigne; elle retient 5 p. 100 de carbonate de chaux, exactement 2.65 de chaux pure. Quand on vérifie la grande consommation de l'élément calcaire par la vigne, même dans les sols les plus pauvres en chaux, on comprend la grande production d'une terre argilo-siliceuse riche en potasse et qui offre l'élément calcaire dans une proportion rassurante. De pareils vignobles, menés avec de riches engrais, atteignent un rendement de 250 hectolitres par hectare et le dépassent quelquefois. Quant au dosage de l'acide phosphorique, qui est une bonne moyenne, il ne peut donner lieu à aucune induction dans un sol pourvu de riches fumures. Ce terrain est donc classé sol continu, tenace et mobile. Il est digne de remarque que la vigne et toutes les cultures sont bien moins exposées aux sécheresses dans les sols continus, tenaces et mobiles, que dans les sols continus, tenaces et immobiles caractérisés par une proportion de plus de 20 p. 100 de carbonate de chaux ou de 16 p. 100 de chaux pure. Il ne faut pas pourtant se dissimuler que tous les sols compactes présentent des dangers quand le mode de culture est superficiel, ce qui est l'ordinaire pour les vignes du midi de la France; mais les sols immobiles qui évaporent à la faveur d'une capillarité active sont bien autrement exposés que les sols mobiles qui retiennent l'humidité par des hydrates naturels dont les variations de volume entravent, tout autant que les affinités chimiques, le mouvement de l'eau. Le mode de culture de la vigne dans la côte de Vaud tend, du reste, à atténuer les dangers qui naissent de la continuité du sol.

N° 21. Ce sol porte également un vignoble et présente un contraste frappant avec le précédent. La proportion des pierres est la même et le coefficient du terrain est 0.81. Le lot impalpable est donc $\dfrac{24.25}{0.81}$ dans l'ensemble, sable et argile, c'est-à-dire exactement 30 p. 100 de ces deux lots réunis. Le terrain de Chuselan est, par suite, exactement à la limite qui sépare les sols discontinus des sols continus, et comme le dosage de la chaux est de 17 p. 100, il est caractérisé sol continu et immobile. Ce vignoble a souffert de la dernière maladie et, sauf des circonstances météorologiques favorables, est très-compromis.

N° 22. Le terrain de Coucourdon (Vaucluse), qui était également en nature de vigne, a été le théâtre de la perte rapide et totale de son vignoble. Le lot impalpable représente 46 p. 100; c'est donc un sol éminemment compacte; la chaux entre dans sa composition

pour 21 p. 100 (soit près de 40 p. 100 de carbonate);
c'est donc un sol éminemment immobile. On avait affaire
à un terrain continu, tenace, et immobile, complanté
en vignes et cultivé à la surface. Il devait subir les
premiers désastres, et comme tous les terrains de
même nature, sans exception, dans les trois départe-
ments de Vaucluse, des Bouches-du-Rhône et du Gard,
il a obéi à sa destinée, tandis qu'à proximité des terrains siliceux discontinus résistaient et résistent encore
à une sécheresse sans exemple par son intensité comme
par sa durée, et qui, depuis 1858 jusqu'au printemps de
1872, a supprimé toutes les nappes d'eau souterraines
dans le périmètre qui a été le théâtre du fléau.

N° 23. On a placé ce sol dans le tableau qui sert de
texte aux déterminations des sols arables, comme un
exemple remarquable d'un diluvium siliceux d'une faible
épaisseur attaché à une roche calcaire assez uniformé-
ment sur de très-grandes surfaces; sa ténacité explique, dans une certaine mesure, cette adhésion sur des
pentes extrêmement rapides. Toutefois il est difficile de
croire que ce diluvium se soit ainsi réparti après le soulèvement des Alpes, et on le jugerait plutôt déposé anté-
rieurement au soulèvement. Laissant cette question aux
géologues, nous sommes intéressés comme agronomes,
parce que la même couche porte le vignoble de Mon-
treux, qui jouit d'une certaine célébrité. Le coefficient
du terrain est 0.95, puisqu'il contient 5 p. 100 de fragments pierreux; la partie impalpable est donc $\dfrac{46}{0.95}$ ou
48 p. 100 du lot de sable et argile. C'est un sol compacte,

tenace et mobile, qui ne retient que 3 millièmes de carbonate de chaux et 5 centièmes de sesquioxyde de fer ; pauvre, du reste, en acide phosphorique et en potasse, et qui présente plutôt les caractères d'une argile réfractaire que ceux d'une terre arable. Grâce aux engrais, à une culture intelligente, à des eaux chargées de bicarbonate de chaux au point d'être incrustantes, et à un climat exceptionnellement doux et humide, il fournit de très-belles récoltes de raisins blancs. On voit que le jugement sur la production d'un terrain se compose de bien des éléments, et que la culture intensive, à l'aide des conditions de marché, de population et de climat, peut s'exercer utilement sur des formations que la seule analyse jugerait presque sans ressources.

N° 24. Il est noté pour mémoire ; l'analyse physique manque. Il contient 0.037 p. 100 d'acide phosphorique ; c'est un faible dosage qui ne représente que 1,480 kil. par hectare, ou 148 grammes par mètre carré de la couche arable. La chaux manque absolument. C'est un sol exclusivement composé de sable granitique et qui demande des phosphates de chaux et des engrais pailleux ; avec ces deux conditions, cette surface, morte en apparence, s'anime et fournit de belles récoltes de trèfle, de blé et de colza. Les eaux alcalines qui traversent ces terrains, aménagées et réparties en irrigations d'hiver, entretiennent des prairies d'un bon produit. Malgré l'absence de l'analyse physique, on peut le classer sol discontinu, sable siliceux alcalin.

N° 25. Terre d'alluvion, située au confluent du Rhône et de l'Ardèche. C'est un sol discontinu, puisque le lot impalpable n'est que de 15 p. 100. Il contient près de 10 p. 100 de chaux et de 9 p. 1000 de magnésie, avec une forte proportion de sesquioxydes hydratés qui rendent ce sol, quoique très-meuble, un peu moins inconsistant qu'il ne serait, à en juger par l'analyse physique seule. Assez riche en potasse et très-pauvrement doté d'acide phosphorique, il est cependant d'une fertilité extraordinaire, puisque les inondations périodiques de l'Ardèche remplacent les aliments consommés ou perdus. C'est un caractère commun à presque toutes les alluvions fluviales, la fertilité associée à un faible dosage en acide phosphorique. Ces terrains submersibles, qu'on appelle terrains d'Ile dans la vallée du Rhône, et ségonnaux près des embouchures, échappent, aux yeux des praticiens comme à ceux des agronomes, aux règles ordinaires de la culture; et on ne peut attribuer cette exception qu'aux apports du fleuve.

Nous ne mentionnerons le n° 26 que pour mémoire, ayant déjà associé son examen à celui du n° 19, dont le n° 26 représente le sous-sol.

N° 27. Ce terrain, qui fait partie du delta du Rhône, dans la propriété appelée le Château d'Avignon, a pour végétation spontanée des plantes salifères; il était destiné à la culture du riz au moyen de l'eau du Rhône amenée sur sa surface. Par son analyse physique il sort évidemment des terres arables proprement dites, puisqu'il contient 55.40 p. 100 de parties impalpables. La proportion de soude est de 1.440; de potasse, de 0.405; et de magnésie, de 0.590 sur 100 parties. L'acide chlorhydrique combiné est 2.260. La proportion de chlorure

de sodium et de sel marin est donc 2.295 p. 100. Telle est
la salure des terrains à salicornes, qu'on considère comme
impropres à la culture, si ce n'est par des moyens artificiels de dessalement. L'agronome ne doit donc pas accep-
ter de confiance des chiffres fantastiques sur la proportion
de sel marin contenu dans certains terrains. Une pareille
salure ne peut être entretenue que par une communication constante avec des nappes d'eau salifères. M. Peligot a
établi que l'interruption des communications amenait le
dessalement rapide des lais et relais de mer. On peut en
conclure que sous le delta du Rhône des nappes d'eau
salée se rendent à la mer, et cette indication est conforme aux observations géologiques qui constatent des
terrains salés à différents niveaux entre la Méditerranée
et les Alpes. L'agriculteur, en dehors d'une culture
d'inondation, comme celle du riz, ne peut utiliser ces
terrains qu'à la faveur d'une double condition. —La première est une condition naturelle. Il faut que le terrain
soit à une certaine hauteur au-dessus du niveau des nappes salifères, qui, à ce point, est gouverné par le niveau
même de la mer où elles vont aboutir.—La seconde est
une condition artificielle. Il doit détruire la continuité
du sol, afin de ralentir la capillarité. Il y arrive : 1° par
les cultures et les amendements pailleux tels que litières,
roseaux, etc. ; 2° en entravant l'évaporation par des
couvertures sur les semences.— Grâce à l'emploi de ces
moyens on obtient de très-belles récoltes, et la grenaison est remarquable, bien que le dosage de l'acide phosphorique soit faible, 0.032 p. 100. Mais cet acide est
soluble malgré l'abondance de la chaux, grâce à la pré-

sence du sel, et son approvisionnement est renouvelé, exactement comme dans les terrains submersibles d'alluvion, par les apports des sources salifères.

N° 28. Ce terrain est juste à la limite qui sépare les terres franches des terres fortes, ou les sols discontinus des sols continus. Le lot pierreux étant 15, son coefficient est 0.85, et la proportion impalpable est dans l'ensemble sable et argile $\dfrac{24.65}{0.85} = 29$ p. 100. C'est pourtant un sol très-tenace, et l'analyste en sera peu surpris en trouvant un dosage de plus de 5 p. 100 d'alumine et 5. 7 p. 100 de sesquioxyde de fer ; la proportion de ciment naturel dans ce terrain est donc au-dessus de la moyenne. Richement doté en potasse, 0.347 p. 100, et très-suffisamment en carbonate de chaux, plus de 3 p. 100, ce terrain semblerait éminemment propre à la culture de la vigne, et on ne comprendrait pas pourquoi, étant classé parmi les sols mobiles à cause de la faible proportion de calcaire, il n'a pas échappé au désastre qui a frappé les vignobles des sols immobiles qui l'environnent. L'explication de cette anomalie est toute simple. Ce terrain n'a qu'une profondeur de 30 à 35 centimètres ; au-dessous règne un banc de graviers calcaires plats cimentés par l'argile qui forme le sol supérieur. Ce sous-sol imperméable contient exactement 71.5 p. 100 de graviers calcaires plats cimentés par 24 p. 100 d'argile impalpable mêlée à 4.5 p. 100 de sable. C'est cette maçonnerie immobile interposée entre la couche arable et le fond, qui, n'ayant pas été désorganisée par les cultures, a entraîné naturellement, par les sécheresses, le désastre de ce vignoble.

N⁰ˢ 29, 30, 31. Ces trois numéros sont, à proprement
parler, non pas des terres arables, mais des marnes
très-atténuées ; car le lot impalpable est de 82 p. 100
dans la marne de Sérignan ; si le dosage manque pour
le diot de Bellevue, un diot semblable, celui de la Char-
néa, propriété de M. de Saussure (n°38), nous donne plus
de 98 p. 100 d'impalpable, et la marne de Changy-les-Bois,
propriété de M. Mallac, n'est pas moins atténuée. Le
carbonate de chaux est dans la proportion de 55 p. 100
dans la marne de Sérignan, de 60 p. 100 dans la marne
de Changy. Son dosage n'est que 28 p. 100 dans le diot
de Bellevue. Ces trois marnes, surtout les deux premières, contiennent une proportion considérable de potasse,
et l'on peut remarquer que ce dosage est lié aux proprié
tés conservatrices des sesquioxydes. En effet, le dosage
maximum 0.254 appartient au diot de Bellevue, qui contient l'énorme proportion de 12.49 p. 100 de sesquioxydes. Ensuite vient l'argile marneuse de Sérignan : potasse
0.232 pour 7.90 de sesquioxyde. Enfin, Changy-les-Bois
ne présente plus que 0.121 de potasse pour 5.06 de
sesquioxydes.

N⁰ˢ 32 et 33. Cette remarque sur les propriétés conservatrices des sesquioxydes devient bien plus frappante
si on examine deux argiles très-différentes, contenant
plus de 50 p. 100 de parties impalpables, dépourvues
de l'élément calcaire, et excessivement pauvres en potasse, puisqu'elles n'en retiennent plus que 0.029 et 0.024.
Il semblerait *a priori* que des argiles siliceuses rappelant
mieux que les marnes une origine feldspathique, doivent être plus riches en potasse. Or, c'est justement le

contraire dans les argiles blanches du Mourre-Rouge (Vaucluse) et dans les Bolbènes vierges du Gers. Mais aussi l'ensemble des sesquioxydes est, dans la première de ces argiles, 1.04 p. 100 seulement, et dans la seconde, 2.80 p. 100. Toutefois, il ne faut pas tirer une conclusion trop absolue des argiles ocreuses et non calcaires qui contiennent une énorme proportion de sexquioxyde de fer, jusqu'à 16 p. 100, et sont employées comme argiles plastiques ; l'argile violette et l'argile jaune du Mourre-Rouge sont également très-pourvues en potasse ; mais il est remarquable que ces argiles ont un très-faible dosage d'alumine attaquable, 1.23 p. 100 pour l'argile jaune la plus riche en sesquioxyde. Il paraîtrait donc que, si le sesquioxyde de fer a des propriétés conservatrices, la présence simultanée de l'alumine hydratée est la garantie naturelle de l'abondance de la potasse dans l'argile. Cependant il ne faut jamais perdre de vue que les remaniements des argiles, avant leur dépôt dans les couches géologiques, ont joué un rôle énorme dans la conservation des éléments solubles.

Quoi qu'il en soit, les agronomes devront être convaincus que la connaissance approfondie des argiles est la base même de la science agrologique. Si l'auteur de ce Traité a ouvert quelques aperçus nouveaux sur leur constitution, il ne croira pas son œuvre vaine.

§ III. — EXEMPLES DE MONOGRAPHIES DE TERRAINS.

On vient, dans l'examen de la première partie du tableau restreint annexé au Traité, de faire plutôt œuvre de description que de comparaison. La comparaison des sols qui y sont compris résulte bien implicitement de leur description et des remarques qui la complètent ; mais il faut dans l'étude agronomique des rapprochements explicites. On ne peut pas insister sur ces développements spéciaux dans un Traité qui ne prétend pas exposer la science agrologique, mais indiquer les repères qui peuvent un jour, par le travail des chimistes agronomes, guider dans cette exposition. On pourra alors spécialiser, comparer entre eux des terrains de même formation, et apprécier dans le laboratoire les véritables causes des différences et même des nuances qui sont sensibles à l'agriculteur. C'est cette comparaison sur un théâtre restreint, cette monographie qui mettra réellement à la portée des agriculteurs le résultat des études analytiques. Quand, dans un même canton, l'examen de terrains analogues permettra de signaler d'une manière certaine les différences qu'ils présentent, étant traités de la même manière, non-seulement pour la facilité des cultures, ou la fertilité considérée d'une manière générale et accusée par le prix de location, mais encore pour le succès de telle ou telle production spéciale, alors, d'un seul coup, on décrira le mal et on donnera le remède ; on réalisera ainsi le progrès le plus désirable,

celui qui permet de tirer le plus grand parti possible
des forces naturelles, et d'utiliser le mieux possible les
petits capitaux d'exploitation. On s'adressera ainsi aux
quatre-vingt-dix-neuf centièmes au moins de l'agriculture française. Il faut cependant donner quelques exemples de ces monographies, en faisant observer que leur
intérêt croît avec leur nombre, et que ce qui était tâton-
nement au début devient certitude et science quand les
cadres se remplissent.

Premier exemple.

Voici quatre propriétés consacrées à la culture de la
vigne, appartenant au même diluvium et situées toutes
les quatre sur ces collines comprises entre la vallée du
Vestre et la vallée du Rhône, dans le département du
Gard, sous le nom collectif de Costière, et produisant
les vins connus dans le commerce sous le nom de vins
de Saint-Gilles. Ces quatre propriétés font les vins les
plus réputés de la Costière.

Nous les inscrivons sous les numéros suivants :

1° M. Baume, Saint-Gilles, quartier des Magnères ;

2° M. Dugat, Saint-Gilles, quartier de l'Isoarde ;

3° M. Villard, Vauvert, quartier de Vagarnaude ;

4° M. Brunel, Vauvert, quartier du Chemin-Neuf de
Saint-Gilles.

Les analyses physiques sont :

	No 1.	No 2.	No 3.	No 4.
Pierres...........	31.25	45.20	39.50	65.50
Sable.............	50.10	42.80	48.00	27.50
Impalpable.......	18.65	12.00	12.50	7.00

Les pierres étant considérées comme inertes dans la végétation, la valeur de chaque fonds est proportionnelle à ce qui reste sur 100 parties, déduction faite du chiffre des pierres ; et l'analyse chimique ne portant que sur les deux lots réunis, sable et impalpable, si on veut considérer les éléments déterminés, par rapport à la même surface cultivée, il faut évidemment réduire les résultats d'analyse en les multipliant par le coefficient qui représente la proportion de sable et argile pour chaque terre. Ce coefficient de réduction est :

Pour le n° 1............. 0.6875
— n° 2............ 0.5480
— n° 3............ 0.6050
— n° 4............ 0.3450

Par contre, les chiffres du sable et de la partie **impalpable**, pour être comparés entre eux dans leurs propriétés physiques qui sont rapportées à 100 parties, doivent être divisés par les mêmes coefficients. On trouve ainsi :

	No 1.	No 2.	No 3.	No 4.
Sable............	72.80	78.10	79.40	79.70
Impalpable......	27.20	21.90	20.60	20.30

On peut juger tout d'abord que ces terres, qui diffèrent beaucoup par l'importance du lot pierreux, ont la plus grande analogie pour la composition de la partie active. Cependant il y a un avantage très-marqué pour le n° 1, qui peut être classé dans des terres franches, tandis que les n°s 2 et 3 sont à la limite des terres légères, et le n° 4 un sol à la fois léger et pierreux. Ces terres sont donc numérotées dans l'ordre de leurs propriétés physiques.

Voyons maintenant l'analyse chimique :

		No 1.	No 2.	No 3.	No 4.
Attaqués	Carbonate de chaux....	0.164	0.226	0.082	0.055
	Carbonate de magnésie..	0.378	0.147	0.273	0.410
	Potasse	0.100	0.110	0.048	0.074
	Sesquioxyde de fer	2.830	2.510	2.760	1.960
	Alumine, acide phosph.	1.660	0.970	1.600	1.230
	Eau de combinaison	1.065	0.666	1.030	0.763
	Matières organiques	3.293	4.731	3.317	3.008
Inattaquable calciné		90.490	90.640	90.890	92.500

Malgré la parenté évidente de ces quatre terres sous le rapport de leur composition chimique, il y a de bien grandes différences dans les éléments solubles, propres à entrer dans la végétation ; mais ces différences vont ressortir d'une manière plus frappante, en affectant chaque analyse du coefficient qui donne la proportion des éléments solubles par la même surface dans chacune de ces terres. Voici le tableau :

	No 1.	No 2.	No 3.	No 4.
Carbonate de chaux........	0.113	0.123	0.050	0.049
Carbonate de magnésie......	0.239	0.080	0.165	0.141
Potasse	0.069	0.060	0.029	0.026
Sesquioxyde de fer	1.959	1.375	1.670	0.676
Alumine	1.141	0.531	0.968	0.424
Matières organiques........	2.264	2.593	2.045	1.062

Sans doute, ces quatre terrains, très-propres à la culture de la vigne, par leur constitution physique et chimique, qui les tient constamment perméables et frais, et permet aux racines d'aller dans toutes les directions et à toutes les profondeurs, avec une simple culture superficielle, sont cependant pauvres en substances alimentaires, et donneraient de bien faibles produits, si on ne fournissait pas des engrais annuels abondants. Mais il ne faut, pas plus pour la vigne que pour l'olivier et le tabac ou les pommes de terre, etc., se figurer que la comparaison du végétal nourri sur place artificiellement, comme le bœuf est nourri à l'étable, soit rigoureuse. Un traitement absolument pareil donne des résultats assez différents, suivant les ressources propres à l'habitation des plantes, et il n'est pas indifférent pour elles d'aller chercher des aliments concentrés sur des points déterminés, en trouvant ou en ne trouvant pas des ressources dans le fonds qu'elles traversent. Ainsi, connaissant l'avidité de la vigne pour la chaux (puisque ses cendres en contiennent 20 p. 100 de leur poids) et pour la potasse (puisque les cendres contiennent 12 p. 100 de leur poids de potasse, et cela dans les sols les plus dépourvus de chaux et de potasse), il sera facile à l'agronome de conclure que les sols nos 1 et 2 offrent plus d'avantages à la culture, et ont une valeur vénale supérieure à celle des terrains n° 3 et n° 4, et que le n° 4 en particulier est le dernier de l'échelle. Le terrain n° 2 pourrait se comparer au n° 1, sans deux circonstances importantes. D'abord, le n° 2 est plus pauvre en sesquioxydes, conserve moins bien les engrais et a moins de corps ; en second lieu, il est pauvre en magnésie, et les cendres de la vigne en contiennent habituellement un peu plus de 1 p. 100, ce qui montre

la nécessité de la présence de cette terre alcaline dans
le sol. Le mérite agricole de ces quatre vignes se classe
donc dans l'ordre de leurs numéros.

Deuxième exemple.

Notre second exemple de comparaison des sols arables sera pris dans une série de terres qui nous ont été
fournies par M. Henri Marès, correspondant de l'Institut, et situées dans sa propriété de Launac, dans le département de l'Hérault. Nous les numérotons dans
l'ordre suivant :

N° 1. Terre de la Vinasse.
N° 2. Vigne de 50 ans.
N° 3. Sol vierge du coteau, terrain herme.
N° 4. Terre en labour.
N° 5. Terre du jardin. Aramons.

L'analyse physique de ces différents sols donne :

	No 1.	No 2.	No 3.	No 4.	No 5.
Pierres.......	11.20	36.70	35.20	3.44	14.40
Sable.........	74.80	55.70	53.60	81.54	67.90
Impalpable.....	14.00	7.60	11.20	15.02	17.70

On voit que les coefficients qui doivent servir de diviseurs pour l'analyse physique et de multiplicateurs pour
l'analyse chimique sont, en raison du lot pierreux :

Pour le n° 1.............. 0.888
— n° 2.............. 0.633
— n° 3.............. 0.648
— n° 4.............. 0.966
— n° 5.. .... 0.856

12

Il en résulte que pour l'ensemble sable et impalpable la proportion de la partie impalpable est pour 100 parties :

No 1.	No 2.	No 3.	No 4.	No 5.
15.75	12.00	17.28	15.54	20.67

Tous ces terrains sont discontinus et frais, car le carbonate de chaux n'entre que pour une proportion de moins de 2 p. 100 dans leur constitution. Ils sont donc éminemment qualifiés pour la culture de la vigne; mais, dans les sols légers, les plus favorables à une grande production sont évidemment ceux qui se rapprochent le plus d'une terre franche. Le n° 5 aborde justement la limite qui sépare les terres franches des terres légères. C'est donc, au point de vue de la constitution physique, le meilleur terrain de la série. Le plus maigre est le n° 2, et les n°s 1 et 4 sont exactement semblables. Quant au n° 3, comme il s'agit d'un sol non défriché, il est surtout intéressant à connaître comme étant le point de départ naturel de la matière de liaison des autres sols.

Nous passons à l'examen chimique, en donnant sur-le-champ les éléments attaquables de chaque sol réduits à la même surface par l'application des coefficients :

	No 1.	No 2.	No 3.	No 4.	No 5.
Carbonate de chaux.......	2.166	0.933	0.553	0.329	1.289
Carbonate de magnésie....	0.559	0.211	0.550	0.415	0.569
Potasse.................	0.178	0.034	0.139	0.093	0.172
Sesquioxyde de fer.......	2.966	1.959	3.590	2.695	2.990
Alumine.................	2.426	1.179	3.052	1.729	2.328
Matières organiques......	2.950	2.377	7.468	3.680	3.605
Acide phosphorique.......	0.054	0.040	0.041	»	»

Pour l'agronome jugeant ces terrains sans aucune autre donnée que celles du laboratoire, le n° 5 tient la tête pour la composition chimique comme pour la constitution physique. En effet il contient, dans les plus heureuses proportions, la chaux, la magnésie, la potasse et les matières organiques ; c'est un sol équilibré ; et si l'on ajoute que le dosage des sesquioxydes promet un bon aménagement tant de la richesse propre du sol que des engrais importés, on aura caractérisé ce terrain. Le n° 1 lui serait presque identique sous le rapport alimentaire. Il est plus riche en chaux ; mais cet excès est du superflu ; il est un peu moins riche en matières organiques. Toutefois, la supériorité de la constitution physique du n° 5 peut seule décider l'agronome à le placer au premier rang. Le troisième rang appartient au n° 4, quoiqu'il soit médiocrement pourvu de l'élément calcaire, et moyennement de potasse ; il contient une réserve considérable de matières organiques assimilables et une proportion de sesquioxydes suffisant à l'utilisation des engrais. Le n° 2 se trouve au quatrième rang à cause de sa pauvreté en potasse ; plus riche en chaux que le n° 4, il est plus pauvre en magnésie, en matières organiques et en sesquioxydes. C'est aussi le sol le plus inconsistant, en sorte que par l'analyse physique il est placé également au dernier rang. Le n° 5, qui représente le sol vierge des guarigues, nous montre une fois de plus un exemple de la rupture de l'équilibre nécessaire au succès de la culture, dans la prédominance des débris organiques de la végétation spontanée.

Troisième exemple.

Enfin on présentera un dernier et grand exemple de comparaison locale, dans les terres de Roville, déjà soumises en partie à un examen descriptif. On a conservé les dénominations données par Mathieu de Dombasle, et on les inscrit sous les numéros suivants :

N° 1. Terre de la vallée loin de la côte.

N° 2. Vallée améliorée près du bas de la côte.

N° 3. Terre du bas de la côte.

N° 4. Bas de la côte, nord de Roville, fertile.

N° 5. Terre de la côte, vallée transversale de Roville à la Moselle.

N° 6. Côte Rochet.

N° 7. Marne du village.

N° 8. Terre avec fragments dolomitiques.

Leur analyse physique est la suivante :

	N° 1.	N° 2.	N° 3.	N° 4.	N° 5.	N° 6.	N° 7.	N° 8.
Pierres	48.50	3.10	2.60	0.20	19.50	13.40	4.40	9.70
Sable......	43.40	87.20	66.00	52.10	43.60	38.50	42.90	24.20
Impalpable.	8.10	9.70	31.40	47.70	36.90	48.10	52.70	66.10

Ce qui donne pour les coefficients qui doivent servir de diviseurs dans l'analyse physique et de facteurs dans l'analyse chimique :

N° 1.	N° 2.	N° 3.	N° 4.	N° 5.	N° 6.	N° 7.	N° 8.
0.515	0.969	0.974	0.998	0.805	0.876	0.956	0.903

En appliquant ces diviseurs à la réunion des deux lots sable et argile, la proportion de l'impalpable sur 100 parties de ces deux lots réunis est :

No 1.	No 2.	No 3.	No 4.	No 5.	No 6.	No 7.	No 8.
15.70	10.00	32.20	47.80	45.80	54.90	55.10	73.20

Certainement Roville était un domaine peu fertile et présentant de grandes difficultés d'exploitation; mais il était admirablement choisi comme champ d'étude, et pouvait servir à l'établissement complet de la science agrologique, car il offre des spécimens de toutes les constitutions physiques et de toutes les compositions chimiques depuis la marne et l'argile jusqu'au sable siliceux. Dans l'analyse physique on voit la proportion de la partie impalpable sur les lots réunis sable et argile varier de 10 p. 100 à 73.20 p. 100, c'est-à-dire du sol le plus léger ou le plus inconsistant au sol le plus fort ou le plus compacte, en même temps que l'élément calcaire et magnésien varie de 21 p. 100 à moins de 6 millièmes. On n'y trouve pas de sols *immobiles* puisqu'ils sont caractérisés par 29 p. 100 de carbonate de chaux au moins, ni de sables calcaires ; enfin on s'arrête aux formations métamorphiques, et les terrains ignés manquent. Roville n'en reste pas moins une de ces circonscriptions très-limitées qui présentent la plus grande variété de constitution, et par conséquent le plus utile champ d'études pour les amendements et les cultures, notamment sous le rapport des forces mécaniques. Il ne serait pas surprenant que de grands progrès dans la mécanique agricole aient été réalisés sur ce point, s'il n'était pas toujours surprenant de trouver réunis les circonstances favorables et le génie qui sait des difficultés mêmes tirer le progrès, s'appuyer sur l'obstacle. Le champ d'études n'est pas toujours, n'est pas ordinairement le champ de la fortune. Les esprits vulgaires y trouvent seuls matière à raillerie.

Les sols n° 1 et 2 de la vallée sont des terrains sablonneux, et le n° 1 est tellement pierreux, que la culture doit en être entravée. Le n° 2 est noté comme amélioré. L'amélioration, à la juger du laboratoire, a dû consister surtout dans l'enlèvement presque complet des pierres, au moyen d'outils bien appropriés à ce travail; car la proportion de la partie impalpable comparée au sable a diminué au lieu d'augmenter. Cela s'explique naturellement par l'enlèvement des pierres, auxquelles adhèrent les parties les plus fines du sol; mais cette circonstance exclut l'idée qu'on ait employé, sur une grande échelle comme amendement, des terres des n° 7 et 8, qui auraient modifié la nature physique du sol dans le double sens de sa fertilité et de sa constitution physique. C'est dans un échange de cette nature que doit consister la fertilisation de Roville; mais l'exécution exige l'emploi de grands capitaux qui n'ont jamais été à la disposition de Mathieu de Dombasle, et qui, du reste, ne trouveraient pas peut-être, en raison de la disposition des lieux et de la difficulté des transports, une rémunération suffisante.

Des termes de la vallée on passe aux terres de la côte, par le n° 3 , qui se rapproche de la limite des terres franches. Les n° 4 et 5 sont déjà des sols très-compactes, mais susceptibles de culture. Le n° 6 serait incultivable s'il ne contenait pas près de 8 p. 100 de carbonate de chaux, ce qui le rapproche pour la ténacité du n° 5, qui n'en contient qu'un millième. Le n° 8 est absolument impropre à la culture ; nous avons déjà dit que sa constitution physique suffisait à expliquer sa stérilité sans attribuer à la magnésie carbonatée, qui y entre pour 7 centièmes, des propriétés stérilisantes. Enfin, le n° 7, qui est intitulé Marne, ne contient cependant que 16 p. 100 de carbonate de chaux, et serait réputé un sol médiocrement calcaire dans le midi de la France. Toutefois l'énorme proportion de la partie impalpable lui donne la consistance et l'apparence d'une argile marneuse, peu propre à la culture.

Examinons maintenant la composition chimique réduite à l'unité de surface par l'application des coefficients.

	No 1.	No 2.	No 3.	No 4.	No 5.	No 6.	No 7.	No 8.
Carbonate de chaux.....	1.116	0.166	0.353	6.020	0.085	6.894	15.487	12.240
Carbonate de magnésie ..	0.548	0.763	0.614	4.560	0.889	1.109	0.712	6.636
Potasse.................	0.042	0.065	0.081	0.343	0.144	0.477	0.585	0.877
Soude..................	0.054	0.110	0.097	0.114	0.110	0.099	0.100	0.108
Sesquioxyde de fer......	0.932	1.773	3.818	5.010	3.832	7.534	8.671	8.901
Alumine...............	0.386	0.226	1.139	2.923	1.900	1.752	1.945	3.717
Acide phosphorique......	0.053	0.084	0.049	0.134	0.046	0.022	0.021	0.078
Matières organiques.....	2.429	2.157	3.117	11.093	4.366	7.457	7.516	4.365

Le n° 4 est noté par Mathieu de Dombasle comme fertile, et en effet l'analyse nous le montre très-richement doté de matières organiques. Mais cette seule remarque ne pouvait suffire à établir la fertilité, puisque des terrains très-riches en matières organiques sont absolument stériles, jusqu'à ce qu'on en ait détruit la plus grande partie et surtout jusqu'à ce qu'on ait annulé leur acidité par des écobuages. Mais ici les matières organiques sont une condition essentielle de la fertilité, parce que nous avons affaire à un sol qui contient près de 48 p. 100 d'argile impalpable, faiblement marneuse, et qui est rendue maniable à la culture justement par l'abondance des matières organiques. Ainsi pour l'agronome le rôle des matières organiques se rapporte dans ce terrain à la constitution physique principalement. Mais l'analyse nous montre en outre le n° 4 très-supérieur à tous les autres, par le dosage de l'acide phosphorique, et ce seul indice nous suffirait pour lui donner le premier rang dans l'échelle de fertilité. Si l'on y joint la remarque qu'il est largement pourvu de l'élément calcaire et richement doté en potasse, on aura complété la description d'une terre forte argileuse dans les meilleures conditions de production. On peut, en outre, remarquer que l'abondance des sesquioxydes assure la conservation des engrais. Une dernière observation n'est pas sans intérêt, c'est que le dosage de la magnésie est énorme dans ce terrain, et exactement dans la proportion avec la chaux qui constitue la dolomie. C'est donc un sol dolomitique, ce que ne savait pas Mathieu de Dombasle, quand il le donnait pour le plus fertile de Roville. On peut donc tenir pour certain que la crainte de la magnésie est un véritable préjugé.

Le n° 5 se montre à l'analyse physique à peu près

COMPARAISON DES TERRES ARABLES.

semblable au n° 4, il contient 46 p. 100 de parties
impalpables ; c'est donc également une terre forte argileuse ; scientifiquement un sol continu, tenace et mobile.
Et cependant l'analyse chimique établit sur-le-champ
des différences profondes entre ces deux terrains. Le
n° 5 est presque dépourvu de chaux, il n'en contient
pas un millième ; le n° 4 en renferme soixante et dix fois
autant. Le dosage de la potasse est plus du double dans
le n° 4, et celui de l'acide phosphorique exactement le
triple. Enfin les matières organiques ne sont pas assez
abondantes dans le n° 5 pour influer fortement sur la
constitution physique du sol. En résumé, le n° 5 est
une terre forte propre à la culture, mais qui demande
à la fois l'application de grandes forces et de riches
fumures.

Si l'on compare le n° 6 au n° 4, en se limitant à l'analyse chimique, on ne trouve pas de différence fondamentale. Le n° 6, bien doté en matières organiques,
aussi riche en chaux, plus riche en potasse, paraîtrait
devoir rivaliser avec le n° 4, sauf pour l'acide phosphorique dont le n° 4 est abondamment pourvu et qui manque au n° 6. Mais il semble qu'en comblant cette lacune
on devrait tirer de beaux produits du n° 6. Cette fan-
tasmagorie s'évanouit en se reportant à l'analyse
physique ; on voit que la proportion impalpable est de
54 p. 100 dans le n° 6, qui sort ainsi des terres arables
pour rentrer dans les véritables argiles.

Le n° 7 est une marne assez pauvre en chaux, mais
riche en potasse. Quant au n° 8, c'est une argile dolomitique dont la richesse en chaux, en magnésie et spé-

cialement en potasse (qui est énorme), peut faire un
amendement d'autant plus utile qu'elle contient une,
proportion normale d'acide phosphorique, tandis que la
marne du village en est dépourvue.

Si maintenant on se reporte au n° 3, qui est le sol le
plus parfait de Roville (au moins dans les échantillons
fournis), pour sa constitution physique, qui est celle
d'une terre forte se rapprochant des terres franches,
l'analyse chimique le montre comme un sol ou épuisé,
ou naturellement pauvre, médiocrement pourvu de
chaux (moins de 4 millièmes de carbonate), n'ayant
que la moitié du dosage normal des terres fertiles en
potasse et en acide phosphorique. C'est donc un terrain
très-propre à la culture, à la faveur d'engrais ordinaires
abondants. Un engrais spécial ne ferait que changer sa
pauvreté en misère, après une excitation passagère qui
pourrait donner de fausses espérances.

On ne reviendra pas sur les n°s 1 et 2, si ce
n'est pour faire remarquer que le n° 2, comme il
arrive très-fréquemment pour les sables, est passable-
ment pourvu d'acide phosphorique. Il en serait de même
du n° 1, si le dosage réel n'était pas réduit par l'application du coefficient résultant de la masse pierreuse. Ce
que demandent ces deux sols, c'est un changement pro-
fond dans leur constitution physique qui les amène de
l'état de terre maigre à celui de terre franche. Mais quand
on songe que, pour atteindre ce résultat, il faudrait
transporter par hectare 400 tonnes du n° 8 dans le n° 2,
il est impossible de trancher la question des frais dans
le laboratoire.

Enfin on remarquera d'une manière générale que tous ces terrains ont à peu près exactement le même dosage en soude, et que ce dosage dépasse pour plusieurs d'entre eux celui de la potasse. On peut donc affirmer que l'emploi du sel dans l'agriculture est inutile dans le canton de Roville, si toutefois il est jamais utile pour une autre pratique que la nourriture du bétail dans les pays à fourrages acides.

L'auteur de ce Traité ne veut pas donner comme irréprochables les jugements qu'il vient de porter sur des terres qu'il n'a jamais vues ailleurs que dans un laboratoire ; mais il suffit qu'il fasse sentir la possibilité d'un jugement concluant pour que l'agrologie soit fondée.

CINQUIÈME PARTIE

CLASSIFICATION DES TERRES ARABLES.

§ I. — CONSIDÉRATIONS GÉNÉRALES.

Si l'on s'est pénétré des principes et des discussions présentées dans les quatre premières parties de ce Traité, on abordera sans difficulté et sans inquiétude les questions de classification, et chacun, en présence d'un tableau complet de l'analyse physique et chimique d'un sol, fera sa classification particulière, suivant les propriétés spéciales qu'il voudra mettre en évidence. L'un classera les terrains suivant la nature de la formation géologique dont ils dérivent; l'autre, suivant la ténacité ou la résistance aux agents de la mécanique agricole ; un troisième, suivant la quotité de l'élément calcaire ou de l'élément siliceux ; un quatrième, suivant l'abondance des hydrates de sesquioxydes qui influe à la fois sur la ténacité et le mode d'aménagement des engrais ; un cinquième, suivant la richesse du sol en aliments proprement dits des plantes, principalement en acide phosphorique et potasse, etc., etc.

L'agriculture est bien une science; mais on ne doit pas oublier que c'est une science technologique. Ce serait poursuivre une chimère que de vouloir atteindre le but que se sont proposé les illustres créateurs des classifications dans les sciences physiques et naturelles proprement dites. Comme on a eu occasion de le voir plus haut, la consistance du sol sera toujours le caractère dominant pour les praticiens, et la classification naturelle, au point de vue du laboureur, sera toujours celle qui exprimera les résistances que rencontre sa charrue. Il en est forcément pour lui comme pour l'ingénieur, quand il apprécie les terres d'après le rapport entre le temps variable mis à la fouille, et le temps constant mis à la charge. Telle terre donne d'un seul mouvement la fouille et la charge ; une autre exige un fouilleur, et un nombre plus ou moins grand de chargeurs ; telle autre demande un nombre plus ou moins grand de fouilleurs pour un chargeur. Ainsi, pour le laboureur, du sable pur à l'argile inattaquable, en passant par les terres légères, les terres franches et les fortes, il y a une infinité de nuances, qui sont les espèces de ces trois grandes divisions.

L'agriculteur ne peut pas être frappé des différences de constitution chimique du sol, par la raison souveraine qu'il ne sort guère de son canton, qu'il a toujours sous les yeux des sols de même formation et dans lesquels la prédominance d'un des grands éléments constitutifs, soit silice, soit chaux, est un fait constant. Ainsi un agriculteur de la Bretagne ignore dans sa pratique les conditions auxquelles sont assujetties les terres calcaires, et ne s'aperçoit que de la trop grande rareté de l'élément calcaire, parce qu'elle se fait sentir dans l'alimentation de certaines plantes cultivées ; mais la chaux n'est pour lui qu'une question d'engrais en quelque sorte ; jamais il n'a entrevu un sol dans lequel l'élément calcaire fût assez abondant pour modifier la constitution physique. Il faudrait pour cela que la proportion du carbonate de chaux dépassât 10 pour 100 du poids de la terre après séparation des pierres. Comme les classifications ont été presque toujours faites à l'usage des agriculteurs (qui ne s'en servent guère par l'excellente raison qu'ils se les font à eux-mêmes), il n'est pas surprenant que des savants très-distingués aient établi dans les terres arables des classes calquées sur la coutume des agriculteurs à leur portée, en y ajoutant cette précision scientifique qu'ils tiraient de l'examen exact du rôle des parties constitutives du sol dans les qualités qui, reconnues par la pratique, servaient à la classification courante des agriculteurs. Toutefois, indépendamment des espèces réglées pour le cultivateur par la résistance des terrains aux instruments de culture, des apparences telles que le mouvement des eaux, la coloration, etc., frappent leurs yeux et établissent pour eux des variétés.

Le point de vue de l'agrologue est complétement différent. Sans doute le grand fait de la ténacité est pour lui un des éléments dominants d'une classification agricole ; mais, appelé à examiner des terrains de toutes les formations et de toutes les compositions, rencontrant sous sa main des sols d'égale ténacité dans l'état de sécheresse, dont l'un contient 30 pour 100 de carbonate de chaux et l'autre n'en contient que quelques millièmes, attaqués par les mêmes instruments avec les mêmes forces, portant le blé et le trèfle avec le même succès, mais entièrement différents pour la végétation spontanée et les cultures spéciales ; exigeant, soit pour l'époque et le nombre des labours, soit pour l'aménagement des engrais, des pratiques entièrement opposées, etc.; l'agrologue, disons-nous, ne peut pas classer les terrains comme le laboureur, puisque ces deux sols égaux devant le laboureur, sont à ses yeux aux deux extrémités de l'échelle agronomique. L'agrologue est donc tenté de faire deux grandes classes naturelles des terrains, les sols calcaires et les sols siliceux, en établissant en quelque sorte une échelle depuis la terre calcaire pure comme les paluds du comtat d'Avignon, jusqu'à la terre siliceuse pure comme la terre d'automne dans l'arrondissement de Meaux , et en passant par toute une série de sols dont la liaison (s'il est permis d'employer cette expression) est une argile qui passe de la marne à l'argile pure en présentant successivement tous les rapports entre le carbonate de chaux et la somme des autres éléments, silice, silicates, alumine et sesquioxyde de fer.

Enfin quelques physiciens, notamment M. Masure, frappés avec juste raison du rôle important de cette matière impalpable qui, sous le nom générique d'argile, sert de liaison aux sols qui sans elle ne seraient plus qu'un sable inconsistant rebelle à la culture de tous les végétaux qui n'enfoncent pas profondément leurs racines ; ces physiciens, dis-je, ont voulu établir une classification basée uniquement sur la proportion de cette matière de liaison dans le sol. Cette vue scientifique, comme la précédente, l'une au point de vue de la botaniqué, l'autre au point de vue de l'état physique, avait en outre l'avantage de se rapprocher de la division établie par les praticiens. Mais c'est justement ce désir de concilier les données scientifiques et la pratique qui a été l'écueil de cette tentative. En effet, les physiciens frappés des qualités négatives des carbonates calcaires et magnésiens ont cru donner plus de précision à leurs principes en excluant de la matière de liaison ces carbonates, comme n'ayant par eux-mêmes aucune propriété adhésive. Cette élimination était sans inconvénient dans les terrains qui ne contiennent qu'une faible proportion de carbonates ; et ils ont pu donner ainsi des règles utiles à certains cantons et conformes, dans ces limites, aux données de la pratique. Mais en sortant d'un cercle restreint, la méthode donne des résultats complétement faux. Ainsi nous avons montré des sols comme celui de Fauxbourgette à Tarascon, durs au point d'être incultivables, qui ne contiennent que 30 p. 100 de parties impalpables, distraction faite des carbonates de chaux et de magnésie. Cette terre serait donc au passage des terres franches aux terres fortes. La présence de 42 p. 100 de carbonates de chaux et de magnésie la convertit en rocher dans les sécheresses. D'autre part, pourquoi s'attacher plutôt à l'inconsistance du carbonate de chaux qu'à celle de la silice ? On a vu également un sol siliceux comme celui du clos des Petits-Pommiers, à Saint-Contest (Calvados), parfaitement souple et présentant toutes les qualités d'une terre franche légère, se cultivant avec le pied, comme disent les laboureurs, bien qu'il contienne plus de

33 p. 100 de parties impalpables et seulement 2 p. 100 de carbonates de chaux et de magnésie. Pourquoi cette légèreté d'un sol qui serait classé, d'après la méthode des physiciens, terre forte? C'est que les hydrates de sesquioxydes sont en proportion minime dans le terrain, et que, sans la présence de ces hydrates, la ténacité véritable ne se réalise pas en dehors des cristallisations naturelles ou des agglomérations lentes qui forment les rochers. Ainsi, en partant de principes vrais, les propriétés cohésives de l'argile et la friabilité des carbonates alcalino-terreux, on est arrivé à une classification qui n'a qu'une importance locale, parce que la vue a été bornée à un horizon trop limité, et n'a pas tenu compte du rapport entre la silice et le carbonate de chaux pour l'inconsistance, et du rôle prépondérant des hydrates de sesquioxydes dans le fait de la ténacité, rôle qui s'exerce vis-à-vis de toutes les parties impalpables siliceuses ou calcaires, et agit ainsi en véritable ciment des terres arables.

§ II. — CLASSIFICATION PHYSIQUE.

Il faut, sans s'exagérer l'importance et la valeur d'une classification physique des terres arables, et en se rappelant constamment que ce n'est qu'une classification physique et qu'on peut adopter dans des vues différentes toute autre base que la consistance du terrain, concentrer dans une synthèse unique les principes généraux qui règlent cette consistance. On pourra se borner aux affirmations, sans développements, pour ne pas répéter ce qui a été expliqué en détail en parlant de l'analyse physique.

Un phénomène physique, parfaitement indépendant de la diversité des particules, est ce qu'on peut appeler la compacité, ou mieux la continuité du terrain. Ce phénomène est gouverné par les lois générales qui président à tous les mélanges par lesquels on veut arriver à un certain degré de cohésion; elles dépendent d'un certain rapport entre les vides des parties volumineuses qu'on veut réunir et la matière de liaison qui ne remplit pas toujours ces vides, mais qui doit les excéder en volume pour réaliser la continuité. Ainsi, pour faire du mortier, on brasse ensemble de 75 à 66 parties de sable avec une quantité de 25 à 33 parties de chaux hydratée estimées en volume. En séparant par la lévigation la partie impalpable d'une terre de la partie sablonneuse, après élimination de toute la partie pierreuse au-dessus de $0^{mm}.7$ de grosseur, et en mesurant avec précision les vides du sable seul, on trouve 41 p. 100 de vide. Un sol est compacte ou continu dès que sur 141 parties (sable et impalpable) le sable représente 100 et l'impalpable 41, puisqu'ils ont séparément la même densité. En réduisant ce rapport à 100 parties, la *continuité* commence quand

le sable représente. . . . . 71 parties,
et l'impalpable. . . . . . . 29 parties.

Mais de ce que la *continuité* n'est pas complète, il n'en ressort pas nécessairement l'inconsistance. Il en ressort nécessairement la liberté du mouvement des liquides, qui est un grand avantage agricole ; mais il y a des cohésions partielles qui affermissent le terrain, en sorte qu'une consistance suffisante commence quand

le sable représente . . . . 80 parties,
et l'impalpable . . . . . . 20 parties.

C'est dans ces limites, entre 20 parties et 29 parties d'impalpable, que se trouvent compris la plupart des terrains que les agriculteurs nomment terres franches.

Mais il faut une grande précision dans les termes scientifiques, et ne pas confondre la compacité, ou la continuité, ou la consistance, avec la ténacité. Pour les agriculteurs, l'expression terre franche se rapporte à un ensemble de qualités dans lesquelles la ténacité tient le premier rang ; en sorte que nous trouverions sans doute très-peu de terres franches au-dessous de la proportion de 20 p. 100 d'impalpable, mais beaucoup au-dessus de la proportion de 29 p. 100, toutes les fois que la rareté des hydrates de sesquioxydes conserverait au terrain calcaire ou siliceux cette souplesse et cette perméabilité qui qualifient les terres franches aux yeux des agriculteurs. Il faut donc rester dans la rigueur des termes scientifiques. L'agronome saura ce qu'il dit en appelant un terrain continu ou discontinu, et ne sera pas embarrassé pour classer ce terrain parmi les terres légères, les terres franches ou les terres fortes, quand il aura analysé les éléments qui le composent.

Quand la partie impalpable dépasse 29 p. 100 du poids des lots réunis, sable et impalpable, la **compacité**

ou continuité va en s'accusant .toujours davantage à
mesure que ce chiffre augmente, et le sol cesse de pouvoir être compris dans les terres cultivables dès que la
partie impalpable atteint le chiffre de 70 p. 100, et déjà
pour les terrains qui présentent les proportions comprises entre 58 et 70 p. 100 d'impalpable, c'est-à-dire
tous ceux où la proportion des particules impalpables
dépasse le double des vides de la partie sablonneuse, la
culture n'est possible que dans des conditions extrêmement restreintes.

Le second phénomène qui domine la constitution
des terres arables est leur état en présence de l'humidité. Certains sols s'imbibent et se gonflent, en quelque
sorte, en présence de l'eau, tandis que d'autres restent
invariables de volume et laissent passer plus ou moins
rapidement les liquides. On peut donc les diviser en
terrains *mobiles* et terrains *immobiles;* mais cette dis-
tinction n'a toute sa portée que pour les sols continus;
car les sols discontinus laissent passer les liquides au
moyen des vides libres, à moins qu'ils ne soient très-
rapprochés de la limite qui sépare les sols continus des
sols discontinus; car l'observateur distingue très-bien,
même dans les sols discontinus, ceux qui s'imbibent et
retiennent les liquides de ceux qui, une fois la pluie
passée, présentent une surface aussi ferme que par le
beau temps. Cette faculté des particules impalpables de
s'approvisionner en quelque sorte de liquide et de le
retenir en augmentant de volume, peut parfaitement
donner à un sol qui appartient aux terres franches les
apparences momentanées d'un sol compacte et mobile.

Cette propriété, si capitale en agriculture, dépend uniquement de la constitution chimique du sol, et presque exclusivement de l'abondance ou de la rareté du carbonate de chaux. Quand la proportion du carbonate de chaux dans la partie impalpable dépasse 29 p. 100 du poids de cette partie, ou même plus généralement, quand la proportion du carbonate de chaux dépasse 29 p. 100 du poids des lots réunis sable et impalpable, le sol imprégné d'un réseau continu, invariable, est, en quelque sorte, dégraissé comme une poterie et immobilisé. Non-seulement il n'éprouve plus de variation de volume, mais encore, en raison des propriétés spéciales du carbonate de chaux, il offre aux liquides un transit continu au moyen de la capillarité, et par ce mouvement incessant, suivant les circonstances, amène, soit le dessèchement rapide du sol imprégné, soit le courant de bas en haut des eaux souterraines qu'il livre à l'évaporation, soit, en l'absence de ce mouvement, une couche inerte qui amène dans les végétaux cultivés les désastres les plus inattendus.

Ainsi, ce caractère que nous appelons l'*immobilité*, commence quand le carbonate de chaux entre pour 29 p. 100 dans le dosage du sol épierré, et va en augmentant avec la proportion de cet élément constitutif. Quand cette proportion atteint ou dépasse 70 p. 100, comme dans certains terrains, on a des sols légers qui sont excellents, à la seule condition d'une alimentation constante du mouvement capillaire par des sources souterraines. Il ne faudrait pas penser cependant que, lorsque la proportion de carbonate de chaux est inférieure à 29 p. 100, sa présence en quantité plus ou moins considérable ne se marque pas dans la constitution physique du sol, et qu'un terrain qui contient 25 p. 100 de carbonate de chaux se comporte, sous l'action des météores, comme un terrain qui n'en contient que 2 p. 100. Les propriétés particulières du carbonate de chaux se font sentir plus ou moins, suivant son abondance; mais l'immobilité n'est réalisée d'une manière absolue que par la continuité du réseau calcaire. On ne peut pas scientifiquement distinguer à l'infini; il y aurait autant de classes que de parcelles. On doit se borner à désigner les points de passage qui marquent le caractère complet. Si cependant on voulait faire une assimilation permise, on pourrait dire que les propriétés physiques du carbonate de chaux se font sentir d'une manière marquée à l'agriculteur quand sa proportion est comprise entre 20 et 29 p. 100, exactement de la même manière que la compacité se fait sentir pour la proportion d'impalpable entre 20 et 29 p. 100, et peut caractériser ainsi la plupart des terres qu'on a qualifiées terres franches.

Enfin, la troisième qualité qui caractérise les terres arables est leur *ténacité*. Cette qualité ne peut pas se manifester d'une manière sensible aux instruments de culture dans les sols très-discontinus, puisque la matière de liaison insuffisante laisse les parties composantes isolées; mais dès que la *continuité* commence à se manifester, ne fût-ce que par noyaux disséminés dans la masse, la *ténacité* peut se manifester aussi. Il suffit pour cela que les éléments qui la communiquent soient en proportion convenable. Ces éléments sont les hydrates des sesquioxydes de fer et d'aluminium, qui s'accompagnent presque toujours, en sorte qu'il est difficile de discerner la part de chacun d'eux dans la coagulation des terrains; mais leur isomorphisme et leurs propriétés parallèles autorisent à croire que leur rôle est identique. La somme des hydrates de sesquioxydes varie dans les terres arables, de la proportion de 2 p. 100 du poids des lots sable et impalpable réunis, à celle de 22 p. 100. Il est facile de comprendre que des variations sur une échelle aussi étendue entraînent de grandes différences dans la consistance du sol. C'est à cause de l'importance de ce dosage que la partie analytique de ce Traité insiste si fortement sur les procédés d'attaque. Ceux exposés dans le Traité dépouillent parfaitement la terre des hydrates de sesquioxydes, et, en la dépouillant, donnent la preuve sans réplique du rôle qu'ils jouent dans le phénomène de la ténacité, puisque la ténacité est détruite dans le résidu blanc composé de silice et de silicates qui a résisté à l'attaque.

Il en est de la ténacité comme de la continuité et de l'immobilité, il existe une certaine quotité dans les hydrates de sesquioxydes qui est suffisante pour la réaliser dans un terrain continu, ou pour la marquer dans un terrain discontinu. Au-dessus de cette proportion, la ténacité augmente sans doute, mais dans des limites restreintes; au-dessous, au contraire, les différences sont très-sensibles. La proportion d'hydrates de sesquioxydes qui sert ainsi de limite est 10 p. 100 du poids des lots sable et impalpable réunis.

On obtient la quotité dans chaque analyse en additionnant les dosages des sesquioxydes de fer et d'aluminium avec l'eau de combinaison calculée à 17 p. 100 du sesquioxyde de fer et 35 p. 100 de l'alumine pesés après calcination.

En résumé, quand on veut, non pas établir un modèle de classification ou un tableau général de classification des terres arables, mais donner les principes rigoureusement scientifiques qui permettent à chaque agronome de dresser la classification physique d'un nombre plus ou moins grand de terres arables, il faut trois intitulés :

1° *Continuité.*   2° *Mobilité.*   3° *Ténacité.*

Sous le premier titre, on range les terres suivant l'importance du lot impalpable ; sous le second, suivant l'importance du dosage en carbonates de chaux et de magnésie ; sous le troisième, suivant l'importance du dosage en hydrates de sesquioxydes.

On peut ensuite prendre indifféremment pour l'ordre général de classification l'un de ces classements particuliers et inscrire les dosages appartenant à chacun des deux autres, vis-à-vis de chaque terre, dans deux colonnes portant l'intitulé de chaque nature de dosage. Enfin, une quatrième colonne porte, en trois mots accompagnés d'un adverbe, la description qui résulte des chiffres. L'agronome peut y joindre, dans une cinquième colonne, les synonymies admises par la pratique agricole.

Voici des exemples de classement physique dans les trois systèmes, pour les mêmes terres, afin de mieux montrer l'indifférence du choix :

CONTINUITÉ. — Lot impalpable.	IMMOBILITÉ. — Carbonates de chaux et de magnésie.	TÉNACITÉ. — Hydrates de sesquioxyde.	DESCRIPTION.
Serignan.. 82.35 (1)	56.64 (2)	9.60 (5)	Très - compacte, très-immobile , moyennement tenace. Marne.
Roville.... 66.50 (2)	20.97 (6)	17.20 (3)	Très-compacte, mobile, très-tenace Argile dolomitique.
Camargue. 55.40 (3)	31.84 (3)	6.18 (7)	Très-compacte, immobile, moyennement tenace. Terrain salant
Althen.... 52.50 (4)	89.70 (1)	2.32 (9)	Très - compacte , très-immobile, sans ténacité. Terre calcaire.
Touctet ... 48.50 (5)	0.82 (9)	10.25 (4)	Très-compacte , très-mobile, tenace. Argile siliceuse.
Syracuse.. 37.25 (6)	1.84 (8)	22.30 (1)	Compacte, très-mobile, très - tenace. Argile volcanique.
Voreppe.. 25.00 (7)	25.60 (5)	8.85 (6)	Peu compacte , peu mobile , peu tenace. Terre franche.
Limagne.. 17.00 (8)	7.64 (7)	18.54 (2)	Discontinu , mobile, ténacité partielle. Terre basaltique.
La Hart... 8.60 (9)	27.28 (4)	4.05 (8)	Discontinu, immobile, sans ténacité. Sable silico-calcaire.

Le numérotage de la seconde et de la troisième colonne suffit parfaitement à montrer la complète discordance entre les classements qui partent de l'un ou de l'autre des éléments caractéristiques du sol. Ce tableau montre aussi qu'une des trois données séparée des deux autres est parfaitement vaine. Le plus fort dosage en sesquioxydes, comme dans la Limagne, peut laisser le terrain très-souple à la culture, si le sol est discontinu, la ténacité ne se manifestant que sur des noyaux parsemés, et disparaissant du reste sous l'influence de l'humidité. Le terrain le plus compacte et le plus immobile, comme celui d'Althen, peut n'avoir dans les sécheresses que la consistance de la cendre, à cause de la rareté des sesquioxydes. Par opposition, un sol compacte et immobile comme celui de Camargue peut présenter une ténacité moyenne qui est, du reste, quelquefois singulièrement augmentée par la cristallisation du sel marin. Ce qui fait le mérite incontestable de certaines classifications, notamment de celle donnée par M. Masure, c'est qu'elles s'appliquent à une série de terrains qui tous sont faiblement dotés en chaux et moyennement dotés en sesquioxydes. Alors la seule considération du dosage de la partie impalpable suffit à régler les rangs. Cette méthode n'est plus applicable quand on considère l'ensemble des terres arables ; comme tous les éléments actifs se présentent dans des proportions variables d'une extrémité à l'autre de l'échelle, il arrive que le sol le plus compacte peut être le plus souple ; et cela ne se voit pas seulement dans les sols calcaires ; nous avons vu la terre siliceuse de Saint-Contest très-souple, malgré la rareté du calcaire, parce que le dosage des sesquioxydes est faible. On peut donc conclure que, dans des sols de même formation et de composition chimique analogue, l'ordre de classement fondé sur l'importance du lot impalpable peut être utilement employé et donne des résultats conformes à la routine agricole locale, mais que l'agrologie ne saurait l'adopter sans inconséquence.

Dans l'état actuel de nos connaissances, la classification physique des sols arables ne peut aller plus loin. Cependant il resterait une lacune, si on ne tenait pas compte du rôle quelquefois important des matières organiques dans l'état physique de certains terrains. On a vu dans le courant du Traité que le dosage ordinaire des matières organiques varie de 1 1/2 à 3 1/2 p. 100 dans les sols calcaires, et de 3 à 6 p. 100 du poids de la terre dans les sols siliceux. Dans ces limites, la présence des matières organiques n'a pas d'influence sensible sur la constitution physique du terrain ; elle n'est importante que pour l'alimentation des plantes. Mais il existe, par exception, des terrains qui contiennent de 8 à 20 p. 100 de leur poids de matières organiques, et comme ces matières sont surtout ligneuses (autrement dit ternaires) et charbonneuses, elles occupent un grand volume, variable suivant l'état hygrométrique, et rendent le terrain souple et mobile. Ce caractère dominant des matières organiques a fait donner à ces terrains le nom d'humifères. Des sols argileux, qui par leur composition chimique auraient une ténacité insurmontable, deviennent ainsi maniables. L'emploi de la végétation spontanée et de l'accumulation des détritus est souvent la seule voie pratique pour convertir des argiles siliceuses, marneuses ou ocreuses en terrains cultivables.

§ III. — CLASSIFICATION PHYSIOLOGIQUE.

L'impossibilité d'arriver à un système de classement des terres par la combinaison des propriétés physiques des parties composantes, a amené les agronomes, et à leur tête le comte de Gasparin, à prendre pour base de classification les propriétés physiologiques. Il était naturel, en effet, qu'un agriculteur se préoccupât avant tout des végétaux que chaque nature de terrain pouvait faire prospérer, et rangeât en quelque sorte les sols d'après la nature de leur production, en partant des données fournies par la végétation spontanée. Cela était surtout naturel pour le comte de Gasparin qui, parmi des connaissances scientifiques merveilleusement variées et étendues, possédait plus intimement l'histoire naturelle, qui avait été l'étude principale de sa jeunesse. En partant de cet ordre d'idées, il avait été frappé des différences profondes qui séparent la flore des terrains calcaires de celle des terrains siliceux, et avait placé en tête de sa classification la division des sols en sols calcaires et sols siliceux; puis naturellement chacun de ces deux grands ordres se divisait en classes en raison des qualités physiques. On voit que les idées physiologiques ramènent exactement dans le même cercle où nous ont conduit les considérations purement physiques ; seulement, dans les trois têtes des colonnes qui contiennent les dosages des éléments de la constitution physique (compacité, immobilité, ténacité), le comte de Gasparin, s'appuyant sur les données de l'histoire naturelle, donnait sans hésiter le premier rang à la seconde, la mobilité ou l'immobilité caractérisées par le dosage du carbonate de chaux. Les agronomes se rangeront sans doute à cette opinion et, en tant qu'ils attacheront à la classification une importance sérieuse, feront les classes d'après le dosage du carbonate de chaux. Chaque classe sera alors subdivisée en familles d'après le dosage de la partie impalpable, et chaque famille en espèces d'après le dosage des sesquioxydes hydratés. Il faut seulement tenir compte de l'influence physique de la présence du carbonate de chaux en différentes proportions pour faire une bonne division de classes.

Première classe....	Plus de 70 p. 100 de carbonates	dans les lots
Deuxième —	De 30 à 70 p. 100 de carbonates	réunis,
Troisième —	De 20 à 30 p. 100 de carbonates	sable
Quatrième —	De 1 à 20 p. 100 de carbonates	et
Cinquième —	Moins de 1 p. 100 de carbonates	impalpable.

Chacune de ces classes contiendrait quatre familles suivant le lotissement de la partie impalpable sur l'ensemble sable et argile, après séparation du lot pierreux par le tamis à mailles carrées de un millimètre. Ces quatre familles seraient :

Première famille. — Lot impalpable supérieur à 70 p. 100 des lots réunis sable et argile.

Deuxième famille. — Lot impalpable compris entre 30 et 70 p. 100 des lots réunis sable et argile.

Troisième famille. — Lot impalpable compris entre 20 et 30 p. 100 des lots réunis sable et argile.

Quatrième famille. — Lot impalpable inférieur à 20 p. 100 des lots réunis sable et argile.

Enfin chacune des familles serait divisée en quatre espèces, en raison du lotissement des hydrates de sesquioxydes sur l'ensemble sable et argile.

Première espèce. — Dosage des sesquioxydes supérieur à 10 p. 100 des lots réunis sable et impalpable.

Deuxième espèce. — Dosage des sesquioxydes compris entre 7 et 10 p. 100 des lots réunis sable et impalpable.

Troisième espèce. — Dosage des sesquioxydes compris entre 4 et 7 p. 100 des lots réunis sable et impalpable.

Quatrième espèce. — Dosage des sesquioxydes inférieur à 4 p. 100 des lots réunis sable et impalpable.

On aurait ainsi quatre-vingts espèces qui comprendraient toutes les terres du monde, divisées en cinq séries; si l'on voulait se borner à des monographies, il est probable que, le plus souvent, une seule série, ou deux au plus, suffiraient à embrasser tous les sols à étudier dans une circonscription étendue. Toutefois, les sols humifères échapperaient à cette classification, comme à toutes celles qu'on a tentées, et formeraient une classe spéciale dont le dosage en matières organiques règlerait les familles, et le dosage en carbonate de chaux les espèces.

Les quatre-vingts espèces qui résultent de la classification normale que nous donnons ne s'appliquent pas toutes à des terres arables. Toutes les familles dans lesquelles le lot impalpable est supérieur à 70 p. 100 appartiennent aux craies, marnes et argiles incultivables. Il n'y a donc en réalité que trois familles par classes, ce qui réduit le nombre des espèces à soixante. Si l'on ajoute que la première classe ne contient jamais plus de 4 p. 100 de sesquioxydes hydratés, on voit que le nombre des espèces est réduit définitivement à cinquante-sept.

§ IV. — CLASSIFICATION CHIMIQUE.

Les classifications précédentes empruntent à la chimie leurs lignes principales, bien que l'idée maîtresse procède pour la première de la mécanique, et pour la seconde de la botanique. Il reste une troisième échelle de classification à laquelle nous donnons assez improprement le nom de chimique, car elle mériterait mieux que la précédente le nom de classification physiologique. Elle serait fondée sur les pouvoirs du sol en aliments propres des végétaux cultivés et principalement en aliments minéraux : acide phosphorique, potasse, chaux et magnésie. On a vu que la magnésie est généralement répandue dans les terres arables, et on n'a pas encore d'observation réellement scientifique qui ait signalé des résultats positifs dus à sa rareté. On n'a à se préoccuper de la chaux que dans les terrains de la cinquième classe de la classification précédente, c'est-à-dire dans douze espèces; mais ces terrains sont très-nombreux. L'acide phosphorique et la potasse sont nécessaires partout. Mais la potasse existe naturellement en provision suffisante dans la plupart des terrains, tandis que le phénomène inverse est vrai pour l'acide phosphorique. Enfin les substances quaternaires azotées, malgré leur énorme importance, sont fournies annuellement par voie d'importation. Il est donc évident qu'une classification divitiale, s'il est permis de s'exprimer ainsi, doit être ordonnée d'après le dosage de l'acide phosphorique :

1° Terrain très-riche quand il contient plus de 2 millièmes d'acide phosphorique ;

2° Terrain riche quand il contient de 1 à 2 millièmes ;

3° Terrain moyennement riche quand il contient de 1 demi-millième à 1 millième ;

4° Terrain pauvre quand il contient moins de 1 demi-millième.

On pourrait sans doute subdiviser ces classes en espèces d'après le dosage de la potasse ; mais il est facile de voir qu'un simple tableau d'analyses bien faites, ordonnées d'après le dosage en acide phosphorique, vaudra mieux que toutes les classifications systématiques ; car il apprendra en un seul coup d'œil toutes les qualités physiques et alimentaires.

C'est la conclusion de ce Traité. La classification n'est pas faite ; elle est à peine commencée ; elle dépend du travail dévoué des chimistes agricoles. Au milieu de bien des dégoûts, ils voient au terme de leur travail le progrès de la richesse agricole de leur pays ; on peut tout attendre de leur dévouement.

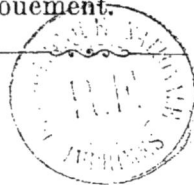

TABLE DES MATIÈRES

QUATRIÈME PARTIE.

COMPARAISON DES TERRES ARABLES.

CINQUIÈME PARTIE.

CLASSIFICATION DES TERRES ARABLES.

FIN DE LA TABLE DES MATIÈRES.

Paris. — Imprimerie de PILLET fils aîné, 5, rue des Grands-Augustins.

JOURNAL
DE L'AGRICULTURE
DE LA FERME ET DES MAISONS DE CAMPAGNE
ET DE L'HORTICULTURE

Fondé et dirigé

PAR J.-A. BARRAL

SECRÉTAIRE PERPÉTUEL DE LA SOCIÉTÉ CENTRALE D'AGRICULTURE DE FRANCE

Le JOURNAL DE L'AGRICULTURE paraît tous les SAMEDIS en un numéro de
32 pages. Il forme par trimestre un volume de 500 à 600 pages, avec de nombreuses planches et gravures.

PRIX D'ABONNEMENT

Un an, 20 fr. — 6 mois, 11 fr. — 3 mois, 6 fr. — Un numéro, 50 cent

Pour l'Étranger, le port en sus.

LES ABONNEMENTS PARTENT DU COMMENCEMENT DE CHAQUE TRIMESTRE

Le *Journal de l'Agriculture* est reçu régulièrement le samedi de chaque semaine dans toute la France. Il renferme dans chacun de ses numéros une chronique agricole, rédigée par M. Barral; c'est la seule faisant connaître et discutant tous les intérêts du pays, envisagés au point de vue de l'agriculture. Chaque numéro contient aussi une revue commerciale très-détaillée, avec les prix courants de toutes les denrées agricoles; c'est la seule qui soit faite dans ces conditions, et qui rende compte en même temps le samedi des cours de la halle de Paris et de tous les grands marchés agricoles de l'Europe.

Le *Journal de l'Agriculture* renferme, en outre, régulièrement le compte rendu des séances de la Société centrale d'agriculture de France, de la Société des agriculteurs et de toutes les grandes associations agricoles, ainsi que des concours de quelque importance. Il contient enfin des articles de fond sur toutes les questions de pratique et de théorie agricoles, avec de nombreuses figures et planches noires ou coloriées à l'appui.

Ce journal, rédigé par M. Barral, secrétaire perpétuel de la Société centrale d'agriculture de France, est celui qui compte le plus grand nombre de collaborateurs en France et à l'étranger. Il appartient d'ailleurs à une société composée de plus de huit cents propriétaires ou agriculteurs. A ce point de vue, il offre par conséquent les meilleures garanties d'informations et d'influence.

LE

LIVRE DE LA FERME

ET

DES MAISONS DE CAMPAGNE

PAR MM.

C. Alibert, E. André, Charles Baltet, Ernest Baltet,
Em. Baudement, Victor Borie, docteur Candèse, Caumont-Bréon,
J. Cherpin, Clavel, E. Delarue, Delbetz, Desmazis,
E. Fischer, G. Fouquet, H. Hamet, Hariot, L. Hervé, P. Joigneaux,
P.-J. Koltz, Al. Lepère, Lhérault-Salbœuf, comte de la Loyère,
Magne, H. Marès,
Em. Pelletier, P.-L. Perrot, Pons-Tande, Eug. Renault,
Rose Charmeux, André Sanson, baron de Selys-Longchamps,
vicomte de Vergnette-Lamotte

SOUS LA DIRECTION DE

M. P. JOIGNEAUX

2 volumes grand in-8 jésus, ensemble plus de 4,000 colonnes,
avec 1,664 figures dans le texte

DEUXIÈME ÉDITION. — **Prix : 32 fr.**

Principales subdivisions :

Agriculture proprement dite. — Zootechnie et zoologie agricole.
Pisciculture. — Vignes et vins.
Jardin fruitier. — Jardin potager. — Jardin d'agrément.
Sylviculture. — Hygiène. — Comptabilité.
Chasse et pêche.

LE VERGER

PUBLICATION PÉRIODIQUE

D'ARBORICULTURE ET DE POMOLOGIE

dirigée par M. MAS

PRÉSIDENT DE LA SOCIÉTÉ D'HORTICULTURE DE L'AIN

AVEC LA COLLABORATION DE POMOLOGISTES FRANÇAIS ET ÉTRANGERS

Douze livraisons par année, contenant ensemble 96 aquarelles de fruits.

Le Verger, publication périodique d'arboriculture et de pomologie, paraît depuis le 1er janvier 1865, par livraisons mensuelles contenant chacune huit aquarelles de fruits réunies en quatre planches, avec le texte correspondant, description et culture.

Il publie, en outre, mensuellement, une feuille qui, consacrée aux faits divers et aux principales questions de la pomologie, en forme un véritable journal plein d'actualité.

Les années publiées à ce jour comprennent :

POIRES D'HIVER. . . .	80 variétés.	POMMES TARDIVES. . .	72 variétés.
POIRES D'ÉTÉ	96 —	PRUNES.	56 —
POIRES D'AUTOMNE. . .	1-0 —	PÊCHES.	80 —
CERISES.	56 —	ABRICOTS	8 —
POMMES PRÉCOCES . .	24 —		

Prix de chacune des six années publiées (1865 à 1870) et de l'abonnement à l'année 1872.

25 FRANCS POUR LA FRANCE

(Il n'y a rien eu de publié en 1871)

POMOLOGIE GÉNÉRALE

Suite de la publication **le Verger**

Tome I, POIRES

Un volume grand in-8° avec 48 planches. Prix : 12 francs.

La POMOLOGIE GÉNÉRALE, par M. MAS, formera quinze volumes in-octavo, qui traiteront de toutes les espèces de fruit.

La publication en sera terminée dans six ans à partir du 15 juin 1872

OUVRAGES
DE
M. A. DU BREUIL

Culture des arbres et arbrisseaux à fruits de table.
6ᵉ édition du *Cours d'arboriculture*. 1 vol. gr. in-18 de près
de 800 pages, avec 4 planches et 575 figures dessinées d'a-
près nature et intercalées dans le texte . . . . . 8 fr.

**Culture des arbres et arbrisseaux d'ornement, planta-
tions de lignes d'ornement. Parcs et jardins.** 6ᵉ édition du
Cours d'arboriculture. 1 vol. grand in-18 de 392 pages, avec
tableaux, plans et 190 figures, représentant les principales
espèces. . . . . 6 fr.

**Instruction élémentaire sur la conduite des arbres frui-
tiers.** Greffe, taille, restauration des arbres mal taillés ou
épuisés par la vieillesse ; culture, récolte et conservation des
fruits. 7ᵉ édition. 1 vol. in-18, avec 191 figures dans le
texte . . . . 2 fr. 50

Manuel d'arboriculture des ingénieurs. Plantations d'a-
lignement forestières et d'ornement ; boisement des dunes, des
talus, haies vives, des parcelles d'excédants des chemins de
fer. 2ᵉ édition. 1 vol. in-18, avec 234 figures . . 5 fr. 50

Culture perfectionnée et moins coûteuse du vignoble.
1 vol. in-18, avec 144 figures. . . . . . . 5 fr. 50

Traité élémentaire d'agriculture. Ouvrage fait en collabo-
ration avec le professeur GIRARDIN. 2ᵉ édition. 2 vol. in-18,
avec 955 figures dans le texte . . . . 16 fr.

www.ingramcontent.com/pod-product-compliance
Lightning Source LLC
Chambersburg PA
CBHW070501200326
41519CB00013B/2672